Aviation Bookstore
aviation step by step

AF854260

Instructor de Simulador

Aviation Bookstore
aviation step by step

Facundo Conforti, 2026
ISBN: 978-987-88-4716-0

Introducción

Instructor de Simulador, esta enfocado a aquellos pilotos que deseen convertirse en educadores aeronáuticos, psicólogos aeronáuticos, amigos aeronáuticos, entre otros títulos mas, ya que un instructor suele cumplir con todos estos roles en la cabina de un avión o simulador. Enseñar es un arte que requiere sobrevolar diferentes estadios de la personalidad de un alumno, ya que cada persona es diferente y a cada una de estas diferentes personas le corresponde un determinado instructor con una determinada personalidad que logre sacar, de ese alumno, el máximo rendimiento.

En esta nueva edición, conoceremos los conceptos teóricos básicos que debe dominar un instructor. Conceptos como el proceso de enseñanza y aprendizaje, el proceso de comunicación y el proceso de evaluación. Técnicas de enseñanza en función a las diferentes personalidades de un alumno, conceptos básicos de lenguaje corporal y mas. ***"Enseñar a enseñar"***, esta es la premisa de este manual. Conocer a fondo cada instancia de cada proceso y dominar sus técnicas será el objetivo.

Los alumnos son parte de la vida de un instructor, son su reflejo y el instructor se convierte en su modelo a seguir. Por tal, el instructor recibe la responsabilidad de educar en todo momento, no solo en su ámbito aeronáutico sino en el día a día. En este manual encontrarás todas las herramientas necesarias para convertir tu profesión de piloto en un estilo de vida al servicio de la docencia.

Capt. Facundo Conforti

ÍNDICE

Programa de instrucción LOFT

Instrucción de simulador en cabina compartida

Aviation Bookstore
aviation step by step

El simulador de vuelo y la historia

En la revolución aeronáutica de los Hermanos Wright, los diferentes modelos de aeronaves comenzaron a nacer. Pilotos y aventureros de todo el mundo innovaban con sus inventos voladores que se hacían cada vez mas avanzados, veloces y complejos de operar.

Posteriormente al primer diseño de los Hermanos Wright, fue creado el "Monoplano Antoinette", que también usaba controles de vuelo pero con la particularidad que tenía instaladas dos ruedas montadas a la izquierda y derecha del piloto, una para "pitch" y otra para "roll". Aunque la rueda del pitch operaba en un sentido natural, la rueda del roll no lo hacía. A causa de ello, surgió la necesidad de crear un dispositivo central de control, lo que hoy conocemos como "columna de mando".

De la mano de este avance en la aviación, llegó un incremento en la inseguridad de las operaciones, tanto por el factor mecánico como por el factor humano. La falta de un entrenamiento adecuado para operar las aeronaves antes de subirse a ellas, llevó a una serie de eventos desafortunados que desalentaban a la, recientemente nacida, industria aeronáutica. Esto generó la necesidad de complementar el entrenamiento de los pilotos, previo a iniciar los vuelos. Fue así que el primer "simulador de vuelo" fue inventado en 1909, buscando entrenarse adecuadamente en el vuelo del "Antoinette".

Básicamente la instrucción de vuelo estaba comprendido en el total dominio de los controles de vuelo. Este entrenador de vuelo consistía de medio barril, como asiento del piloto y las ruedas anteriormente descritas. Otro personal asistía a los movimientos requeridos por el piloto bajo instrucción con largas varas de madera adjuntas al barril. Este entrenador fue bautizado "Entrenador barril Antoinette". Un modelo de este entrenador se encuentra en la galería del Airbus Training Centre en Toulouse, Francia.

Un gran número de entrenadores de vuelo fueron desarrollados durante la 1era Guerra Mundial, algunos como el precario entrenador barril Antoinette para enseñar a los pilotos en el uso de los controles de vuelo. No fue hasta el año 1929 que la inversión de simuladores de vuelo tuvo a su gran protagonista. El primer dispositivo, mundialmente conocido y de producción en serie, fue construido por Edwin A. Link, con la fascinación de aprender a volar y al no

tener recursos para pagar sus horas de vuelo, recurrió a diseñar su propio entrenador.

Así surgió el "link trainer".La familia de Ed Link, establecida en Binghamton, New York, se dedicaba a fabricar órganos y Ed tuvo la ocurrencia de usar fuelles de órganos, engranajes y bombas de aire para darle movimiento a su entrenador.

Ed link acumuló mas de 27 patentes para la aeronáutica, la navegación y curiosamente el equipamiento oceanográfico. En 1945 fue condecorado con la medalla Howard N. Potts por el desarrollo de dispositivos de entrenamiento para aviadores. Ed Link murió en 1981 a los 77 años de edad. En el año 2003 fue incluido en Hall of Fame de los inventores, reconociendo de ésta manera su contribución al campo de la aviación. La industria aeronáutica incrementaba la necesidad de entrenar a sus pilotos civiles y militares. La demanda de maquinas de entrenamiento era cada vez mayor y se incrementó durante la segunda guerra mundial. Fue entonces, en el año 1941 llegó un invento revolucionario para el entrenamiento de los pilotos. Un simulador de vuelo diferente al resto, llamado "Celestial navigation trainer". Con una estructura de 13.7 metros, era capaz de albergar a una tripulación entera en su interior, simulando la operación deán bombardero para operaciones nocturnas.

Finalizada la segunda guerra mundial, el auge de la aviación tomó una magnitud diferente y y era un fenómeno mundial. La industria aeronáutica crecía a pasos agigantados, y con ella, las exigencias operativas de las nuevas y modernas aeronaves. Esto impulsó a la creación de nuevos y mejorados simuladores de vuelo a fin de mantener a los pilotos debidamente entrenados. Pues así que en el año 1948 la compañía Curtiss Wright desarrolló el primer simulador de vuelo pensado para una línea aérea, y la afortunada de contar con este privilegio fue Pan American, para su flota de Boeing 377 Stratocruiser.

Si bien la máquina de simulación no ofrecía movimientos división exterior, contaba con un panel de instrumentos completamente funcional donde la tripulación podía simular casi la mayoría de las situaciones de vuelo.

Ya a inicios de la década del 50, el entrenamiento de los pilotos en simuladores es una realidad cada día más presente y más requerida por las líneas aéreas que estaban apareciendo en marcado. Sólo pocos años después de la aparición del simulador de Panam, los fabricantes comenzaron a encontrar la solución para el problema de la falta de movimiento en la simulación, lo que llevaría el entrenamiento a un máximo nivel de realismo para ese entonces.

En 1954 General Precision Inc., posteriormente parte de Singer Corporation, desarrolló un simulador con movimiento el cual contenía una cabina dentro de un marco metálico. Este simulador proporcionaba 3 grados de cabeceo, balanceo y alabeo, pero en 1964 mejoró y aparecieron versiones más compactas que incrementaban a 10 grados. En 1969 fueron desarrollados simuladores de aerolínea con actuadores hidráulicos controlando cada eje de movimiento.

Los simuladores empezaron a ser construidos con seis ejes de movimiento (cabeceo, balanceo y alabeo para los movimientos angulares y movimientos horizontales, verticales y laterales). A partir de 1977, los simuladores de aerolínea empezaron a adoptar las nuevas cabinas en donde los computadores estaban instalados en el interior de estas.

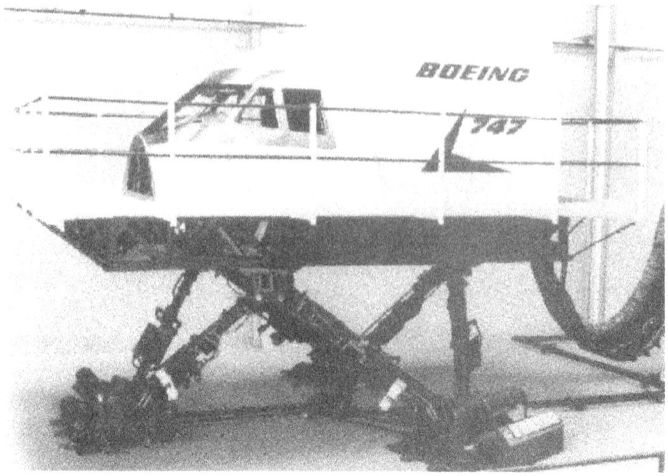

El éxito de los nuevos simuladores de vuelo llevó a una competencia severa a las mayores aerolíneas líderes del mercado. En ese entonces, no bastaba con que la empresa cuente con una moderna flota de una aeronaves, sino que también se requería una moderna flota de simuladores para garantizar la excelencia del entrenamiento de sus pilotos.

El auge de los simuladores de vuelo fue tan grande que las líneas aéreas buscaban obtener mayor prestigio publicitando sus simuladores profesionales para su flota. Mientras que los principales fabricantes de simuladores ofrecían sus productos con grandes y modernas publicidades para cautivar, no solo a sus clientes directos, sino también al público en general.

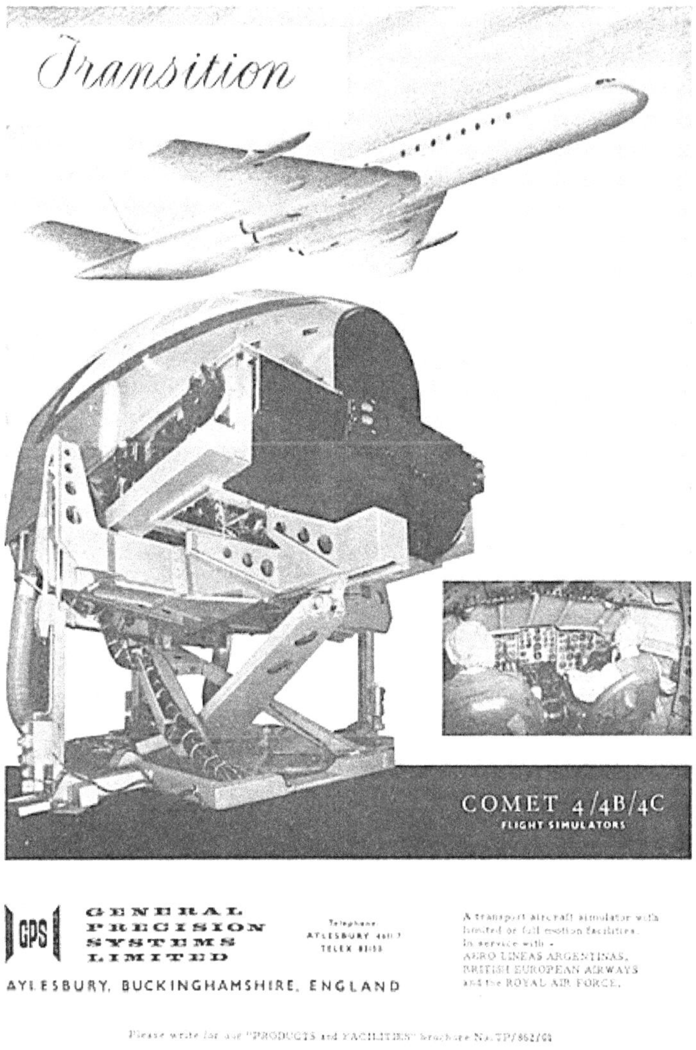

Con el correr de los años, los fabricantes fueron perfeccionando todos los sistemas de los simuladores que se incluyan movimiento en todos sus ejes. A finales de los años 70 sólo faltaba un desafío por cumplir para llevar la simulación, civil y militar, a su máximo nivel, la incorporación de escenarios gráficos mediante la proyección de imágenes. Las primeras proyecciones en simuladores ofrecían una muy corta vista del aeropuerto y alrededores que se representaban en pantallas de televisores cercanos a la cabina.

Las mejores visuales no demoraron en llegar a los flamantes simuladores de vuelo. Las década del 80 y del 90 marcaron una época de increíbles mejoras en todos los simuladores de vuelo. Los sistemas hidráulicos que permitían el movimiento y la proyección de imágenes de calidades superiores a años anteriores, llevaban la experiencia de la simulación al más alto nivel.

Como era de esperarse, al igual que el avance en el diseño de aeronaves, la fabricación de simuladores de vuelo hay ido evolucionando con el correr de los años y siguen en constantes mejoras para optimizar el rendimiento y el realismo en la simulación.

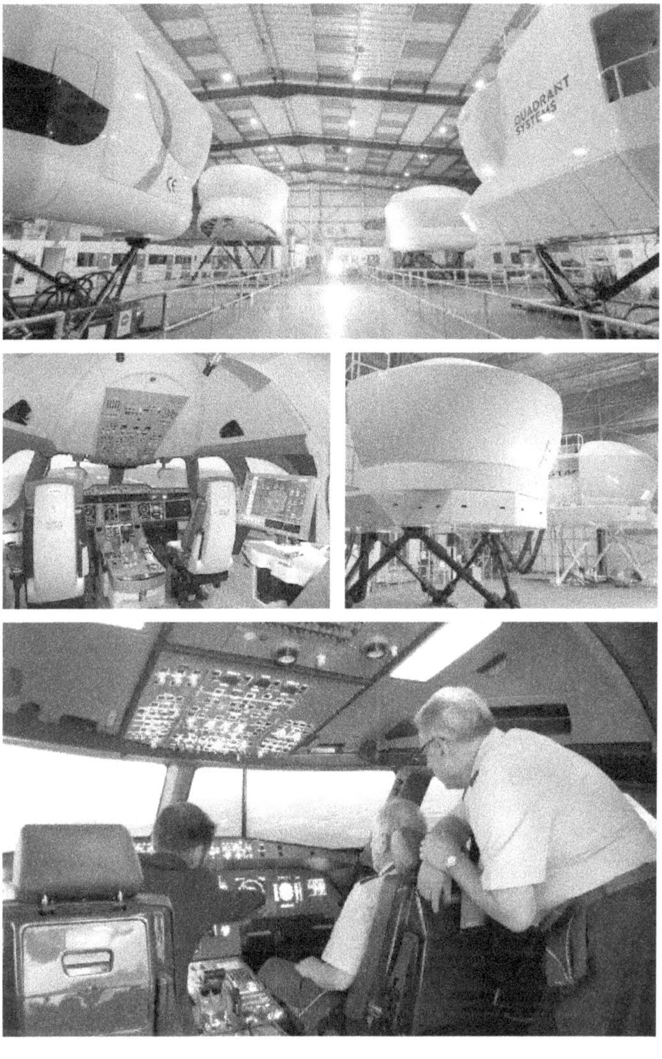

Simuladores para todo público

La evolución de los simuladores de vuelo traspasó fronteras que se creían impensadas en el inicio de los tiempos. Entre la última década del siglo XX y la primera década del siglo XXI, los simuladores de vuelo comenzaron a ganar al público en general abarcando pilotos en formación, aficionados, academias de vuelo y jóvenes de todas las edades, quienes deseaban experimentar la sensación de volar!

Los software de los simuladores de vuelo arriba evolucionando con el correr de los años, y hoy forman parte de la carrera de la náutica de un piloto como una herramienta indispensable para su formación inicial, intermedia y avanzada. Desde una simple computadora hasta una cabina De Vuelo completamente equipada en una academia, los simuladores de vuelo han cobrado protagonismo en la formación de pilotos deportivos y profesionales. De la misma forma a evolucionado la educación utilizando esta clase de herramientas.

Los instructores de vuelo experimentados tuvieron que adaptarse a la nueva herramienta de trabajo y volcar toda su experiencia en una cabina de vuelo simulado. Las altas exigencias de los pilotos junto con la más alta tecnología que equipa a los simuladores de vuelo, exigen hoy, a un instructor de simulador exclusivo para tal fin y con las capacidades de un instructor de vuelo, sumado a las cualidades de un formador académico virtual.

Conceptos Generales

Conceptos y Fundamentos Teóricos

El Comportamiento Humano

En la instrucción aérea, el comportamiento humano juega un rol muy importante, ya que busca interpretar la conducta de las personas, analizando como estas funcionan de una manera determinada. Si bien el comportamiento humano se basa en la naturaleza de cada uno, con el tiempo se va moldeando en base a las experiencias vividas. Imaginemos, como ejemplo, una persona que debe hablar en público, este hecho suele ser uno de los principales miedos que afectan al comportamiento humano. Si bien no hay dos personas que reaccionen de la misma manera ante un miedo dado, el miedo mismo desencadena ciertas respuestas biológicas innatas en los humanos, como un aumento en la frecuencia respiratoria.

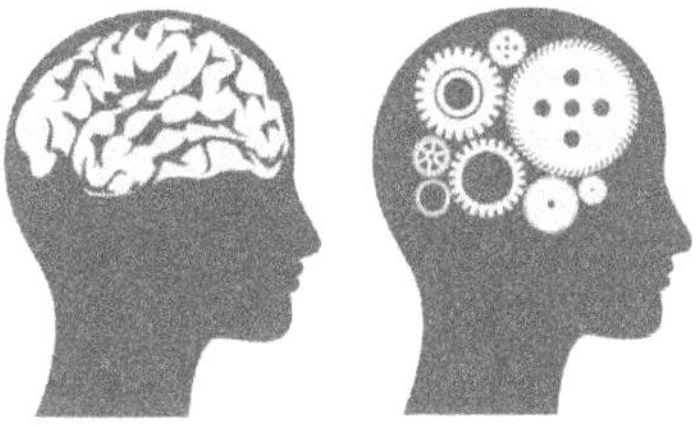

La forma en la que cada persona maneja este miedo dependerá de las experiencias vividas. Una persona que nunca ha hablado en público puede encontrarse ante un escenario complejo y difícil de sobrellevar con éxito. Por otra parte, si una persona sabe que su trabajo es justamente hablar en publico, podría tomar clases de apoyo para superar ese miedo y aprender a sobrellevarlo. El comportamiento humano también se define como el resultado de los intentos de satisfacer ciertas necesidades. Estas necesidades pueden ser simples de entender y fáciles de identificar, como la necesidad de comida y agua. También pueden ser complejos, como la necesidad de respeto y aceptación. Un conocimiento práctico del comportamiento humano puede ayudar a un instructor a comprender mejor a un alumno. También es útil recordar que, en gran medida, los pensamientos, sentimientos y comportamientos son compartidos por todos los hombres o mujeres, a pesar de las diferencias culturales aparentemente grandes. Por ejemplo, el miedo hace que los humanos luchen o huyan. En el ejemplo de hablar en público anterior, una persona puede "huir" al no cumplir con la obligación. La otra persona puede "luchar" aprendiendo técnicas para lidiar con el miedo.

Con el correr de las décadas, son cada vez mas las investigaciones que demuestran la premisa de que a medida que un individuo madura, su modo de acción pasa de la dependencia a la autodirección. Por lo tanto, la edad del estudiante afecta la forma en que el instructor diseña su plan de estudios y lo lleva a cabo. Dado que la edad promedio de un estudiante puede variar, el instructor debe ofrecer un plan de estudios personalizado en función al grado de madurez del individuo. Al aprender a observar el comportamiento humano, el instructor adquiere las habilidades necesarias para desenvolverse en función de la personalidad de cada alumno, logrando así la empatía necesaria para que la instrucción de un alumno sea exitosa.

Paralelo a la búsqueda del éxito en la instrucción de cada alumno, también es un objetivo a cumplir, lograr una adecuada relación entre instructor y estudiante. Aquí las diferentes personalidades juegan un rol muy importante. Puede darse el caso de que, tanto la personalidad del instructor como la del alumno, no sean del todo compatible, ya sea por diferencias ideológicas, religiosas o de cualquier otra índole. Este quizás sea el escenario mas complejo para un instructor, vencer las barreras de la personalidad supone un desafío a superar, pero el camino correcto va por otro lado, el instructor no debe intentar cambiar su personalidad, sino simplemente, adecuar cada plan de instrucción a la personalidad de cada alumno.

Un instructor puede encontrarse con diferentes tipos de personalidades en los alumnos, mencionemos las mas comunes:

Alumno dependiente: este tipo de personalidad dependiente hace que el alumno nunca deje a su instructor. Es un perfil de alumno con dudas continuas, inseguridades y autoexigente, pero no por ello con menos capacidad de asimilar los contenidos. Esta clase de alumno depende de la aprobación continua del instructor para poder avanzar en su programa de instrucción, usualmente posee todos los conocimientos necesarios pero no confía en ellos.

Alumno Independiente: opuesto a lo anterior, este tipo de personalidad hace que el alumno autoabastezca su necesidad de conocimientos y luego se lo demuestre al instructor. Los alumnos independientes suelen provenir de una formación académica universitaria previa, donde la carga de estudio es exigente y la necesidad de progreso es continua. Los alumnos independientes tienen la particularidad de que no se quedarán con alguna duda, sino que al no recibir la información del instructor, buscaran obtener las respuestas por sus propios medios con el único objetivo de avanzar. A diferencia del perfil anterior, el alumno independiente posee mayor seguridad en sus primeros pasos aeronáuticos y no busca el reconocimiento del instructor, sino su corrección y aprobación para seguir adelante.

Mencionar todos los diferentes tipos de alumnos y/o personalidades nos tomaría un numero extenso de páginas, lo importante aquí es centrarse en el rol del instructor ante una situación habitual en el trabajo día a día.

Imaginemos que el instructor de simulador llega a la academia y observa que lo esperan 5 alumnos de diferentes edades, pero en un mismo nivel académico, todos alumnos iniciales. Al dialogar con cada uno de ellos, nota que todos desean terminar su curso pero poseen objetivos diferentes. Por un lado hay dos chicas adolescentes quienes desean llegar a volar en una línea aérea internacional, por otro lado hay un hombre de 70 años de edad que desea cumplir su sueño de volar, aprender y convertirse en piloto, por otro lado hay un ocupado empresario quien es padre de una de las adolescentes mencionadas y desea hacer el curso para compartir un momento grato con su hija, y por último, se encuentra una mujer de 32 años, cirujana cardiovascular y madre soltera que desea volar y ser piloto profesional con el fin de cambiar de desafíos.

Este pareciera ser un escenario simple para el instructor de simulador, cinco alumnos, la mayoría adultos y con objetivos claros. Lo cierto es que se presenta un escenario por demás complejo donde el instructor deberá poseer la suficiente empatía para adaptar su propia personalidad a la de cada uno de estos alumnos para que cada uno de ellos logre comprender cada lección de la manera correcta, buscando el equilibrio entre ser demasiado exigente y demasiado permisivo.

Ahora bien. ***Como debería el instructor, adaptar cada programa de instrucción para el día de hoy?***. Evidentemente existe la necesidad de adaptar cada uno estos vuelos a cada alumno en particular. Tanto las exigencias como la explicación de cada maniobra no deberían tener el mismo tono de comunicación para las adolescentes que para la cirujana o para el hombre mayor. Este cambio en el tono de la comunicación es la ***"empatía"*** necesaria para lograr el éxito en la instrucción aérea. Aquí esta el secreto de la educación aérea, no solo se trata de tener los conocimientos y la experiencia de vuelo necesaria, sino que también se trata de poseer las herramientas para poder transmitirla. Imaginemos a un instructor de simulador como un maestro, un profesor, un docente, un psicólogo o un educador arriba de un simulador o aeronave estática, ese es su rol, EDUCAR y para ello no solo hacen falta conocimientos sino también saber transmitirlos a cada persona en particular, sea cual sea su comportamiento o personalidad.

Por su parte cada estudiante manifiesta diferentes reacciones emocionales ante un estimulo. Si bien no es necesario que un instructor sea un psicólogo certificado, es útil aprender a analizar el comportamiento de los estudiantes antes y durante cada lección de vuelo. Esta habilidad ayuda al instructor a desarrollar y usar técnicas apropiadas para la instrucción. Conozcamos las variables mas comunes:

Ansiedad: La ansiedad es probablemente el factor psicológico más importante que afecta a la instrucción de vuelo. Esto es cierto porque volar es una experiencia potencialmente amenazante para aquellos que no lo son acostumbrado a volar y el miedo a caerse es universal en los seres humanos. La ansiedad también es un factor en la capacitación de mantenimiento porque las vidas pueden depender de hacer el trabajo de manera consistente la primera vez. Los siguientes párrafos se refieren principalmente a la instrucción de vuelo y las reacciones de los estudiantes.

Las respuestas a la ansiedad van desde la vacilación de actuar hasta el impulso de hacer algo, incluso si está mal. Algunas personas afectadas por la ansiedad reaccionan de manera adecuada, y más rápidamente de lo que lo harían en ausencia de una amenaza. Por otro lado, algunas personas pueden congelarse y ser incapaces de hacer nada para corregir la situación que les ha causado la ansiedad. Otros pueden hacer cosas sin pensamiento racional o razón. Las reacciones normales y anormales a la ansiedad son de preocupación para el instructor. Las reacciones normales son significativas porque indican la necesidad de instrucciones especiales para aliviar la ansiedad. Las reacciones anormales son aún más importantes porque pueden significar un problema profundamente arraigado. La ansiedad se puede contrarrestar reforzando el placer de los estudiantes de volar y enseñándoles a lidiar con sus miedos.

Una técnica efectiva es tratar los miedos como una reacción normal, en lugar de ignorarlos. Tenga en cuenta que la ansiedad para los estudiantes pilotos generalmente se asocia con ciertos tipos de operaciones de vuelo y maniobras. Los instructores deben presentar estas maniobras con cuidado, para que los estudiantes sepan qué esperar y cuáles deberían ser sus reacciones. Al intentar practicar la maniobra de pérdida de sustentación, por ejemplo, los instructores deberían primero revisar los principios aerodinámicos y explicar cómo las perdidas afectan las características del vuelo. Luego, se deberían describir cuidadosamente las sensaciones físicas esperadas, así como los procedimientos de recuperación. La ansiedad de los estudiantes se puede minimizar a lo largo del entrenamiento al enfatizar los beneficios y las experiencias placenteras que se pueden derivar de volar, en lugar de citar continuamente las consecuencias desdichadas de las actuaciones defectuosas.

Estrés y sus Reacciones anormales: Las reacciones al estrés pueden producir respuestas anormales en algunas personas. Con ellos, la respuesta a la ansiedad o el estrés puede estar completamente ausente o al menos inadecuada. Sus respuestas pueden ser aleatorias o ilógicas, o pueden hacer más de lo que exige la situación. Durante la instrucción de vuelo, los instructores son normalmente los únicos que pueden observar a los estudiantes cuando están bajo presión. Los instructores, por lo tanto, están en condiciones de diferenciar entre las acciones de pilotaje seguras y las inseguras. Los instructores también pueden detectar posibles problemas psicológicos. Las siguientes reacciones de los estudiantes son indicativas de reacciones anormales al estrés. Ninguno de ellos proporciona una indicación absoluta, pero la presencia de cualquiera de ellos en condiciones de estrés es motivo de una cuidadosa evaluación del instructor. Veamos las reacciones mas comunes:

- Reacciones inapropiadas, como excesiva cooperación, autocontrol minucioso, risas o cantos inapropiados y cambios muy rápidos en las emociones.
- Cambios marcados en el estado de ánimo en diferentes lecciones, como una excelente moral seguida de una depresión profunda.
- Ira severa dirigida hacia el instructor, personal de servicio y otros.

En situaciones difíciles, los instructores de vuelo deben examinar cuidadosamente las respuestas de los estudiantes y sus propias respuestas a los estudiantes. Estas respuestas pueden ser los productos normales de una situación de aprendizaje compleja, pero también pueden ser indicativas de anormalidades psicológicas que inhiben el aprendizaje o son potencialmente muy peligrosas para las operaciones de vuelo.

Llevemos estos conceptos a un ejemplo práctico. La situación mas cotidiana que puede presentarse son los comentarios inapropiados en el tramo final del aterrizaje, donde únicamente se debería conversar temas afines. Imaginemos que nuestro alumno viene volando muy bien el circuito de transito, concentrado, cuidadoso y respetuoso de cada procedimiento. Transcurre el tramo inicial según los parámetros esperados, llega al tramo básico con una concentración absoluta y dedicada, pero al entra en el tramo final la intensidad del viento se incrementa y le resulta mas difícil mantener el control del vuelo. Aquí el alumno hace su mejor esfuerzo pero la intensidad del viento lo desplaza de la senda de vuelo correcto y el estudiante comienza a criticar las capacidades de la aeronave, seguido de un silbido a tono de canción.

Ante esta situación, el instructor podría sospechar que se trata de una reacción anormal ante una situación de estrés, ya que manifiesta un comportamiento ajeno al que sobrellevo durante los tramos anteriores del vuelo. En caso de que este comportamiento no cese, el instructor debería tomar el control de la aeronave y realizar el aterrizaje, ya que debido a un comportamiento anormal frente a una situación de estrés, el alumno ha degradado su capacidad de sobrellevar la situación de manera segura.

Motivación: sin dudas, una de las variables mas importantes en el comportamiento humano. La motivación es el combustible del accionar humano, es la base por la cual hacemos o dejamos de hacer. En aviación, es un factor FUNDAMENTAL para el desarrollo de todo piloto y para maximizar la seguridad de las operaciones, sea cual sea su ámbito. Imaginemos a un alumno, sea cual sea su nivel, como una figura en constante demanda de motivación por parte de su entorno, en este caso, por parte de su instructor, quien se ha ganado el derecho y la obligación de trabajar con sumo cuidado la motivación de su alumno. Ya sea un alumno principiante en sus primeros pasos aeronáuticos o un piloto experimentado recibiendo formación profesional para una licencia superior, ambos y en todos los casos, necesitan de la motivación para alcanzar su máxima capacidad de aprendizaje. Será trabajo del instructor mantenerlo motivados con la dosis justa ya que ningún exceso es bueno. Una falta de motivación podría hacer que el alumno o el piloto pierdan interés en aprender lo que el instructor le intenta transmitir, como así también un exceso de motivación por parte del instructor, podría sobrevalorar las capacidades de su alumno o piloto llevándolo a intentar desenvolverse ante situaciones para las cuales aun no esta capacitado.

Imaginemos a la motivación como algo que se desgasta y puede verse afectada por cientos de factores cotidianos, como un agravio personal, y mal chiste, un comentario inapropiado o cualquier otro acto que pueda afectar directamente las emociones del receptor. Por ser un factor tan importante, el instructor debe tener las pericias necesarias para saber manipular la motivación de sus alumnos.

Aquí haremos un "alto", y analizaremos los temas mencionados hasta el momento. Hemos estudiado los principios del comportamiento humano, algunas de las diferentes personalidades en alumnos de distintas edades y orígenes, hemos conocido términos como "Empatía", el cual es de suma importancia para la instrucción aérea y hemos llegado a tratar las diferentes reacciones emocionales que puede padecer un alumno frente a un estimulo, reacciones como la ansiedad o manifestaciones ante una situación de estrés.

Antes de finalizar este capitulo del comportamiento, existe un tema mas que debemos estudiar y que es muy importante para un instructor, es "la enseñanza a alumnos mayores o abuelos" donde el comportamiento humano toma una forma diferente y se hace merecedor de unas líneas aparte.

Son cada ves más las personas de la tercera edad que se animan a cumplir su sueño de volar y se aventuran a iniciar el curso de piloto de avión. Para ellos es todo un reto, un desafío a si mismo al intentar mostrarse que SI PUEDEN lograrlo, pero por otra parte, para el instructor también resulta un reto sumamente desafiante ya que la pedagogía con la que desarrolle las lecciones no será la misma que para un estudiante joven. Ahora bien, que comportamientos normales podríamos esperar de un alumno de la tercera edad:

- Los alumnos mayores presentan una motivación adicional ya que llegan a la escuela de vuelo en busca de una nueva aventura o experiencia de aprendizaje.
- Con frecuencia buscan vivir estas experiencias para enfrentar eventos específicos de su vida, como ser, divorcios, matrimonios, fallecimientos, jubilaciones, etc.
- Con frecuencia, la propia necesidad de mantener elevado su autoestima, los hacer auto exigirse al máximo para buscar el mejor rendimiento y la aprobación del instructor.
- Una vida de experiencias vividas han formado su comportamiento y los convierte en personas psicológicamente independientes.

De la gran cantidad de conductas que podemos esperar, las mencionadas son las mas habituales y es importante que un instructor tenga conocimiento de ellas para poder utilizarlas a su favor y a favor de la instrucción que le brindará. Ahora bien, y que comportamientos debería asumir el instructor para lidiar con un alumno de la tercera edad? Veamos los mas relevantes:

- El principal punto a tener en cuenta por el instructor es asumir que los tiempos de un estudiante adulto no son los mismos tiempos que para un estudiante joven.

- El instructor debe adaptarse al ritmo del alumno y evitar que el alumno intente adaptarse al ritmo del instructor.
- Si bien el nivel de exigencia puede ser similar la que le presentaría a un alumno joven, la presión sobre el vuelo o la carga de trabajo SIEMPRE y en todos los casos estará limitada por el goce de volar que muestre el alumno, de esta manera siempre deberá priorizarse un vuelo relajado, ameno y agradable de sobrellevar.
- Puede ser de gran ayuda, programar cada lección con anticipación y ofrecerle al alumno mayor esta información previa a su vuelo, con el fin de que entre en tema con anterioridad y genere un clima de estudio y planificación en su vida cotidiana.

El comportamiento de un alumno mayor podrá tener sus altibajos pero el instructor deberá mantener el mismo comportamiento en todo momento, siempre examinando el nivel de motivación del alumno, su capacidad de asimilación de contenidos y, quizás lo mas importante, su grado de entretenimiento en cada vuelo.

Comunicación Verbal

Una de las principales herramientas que posee un instructor es la comunicación, pero no de la forma en la que todos la conocemos, sino de una forma mas personalizada en función de cada estudiante, una comunicación adaptada al nivel de cada alumno, una comunicación que se amolda a las necesidades propias de cada persona, una comunicación a la que llamaremos "Comunicación Efectiva". Para entender mejor este concepto, primero debemos entender el concepto básico de comunicación, que por simple que parezca, guarda ciertas dificultades a saber.

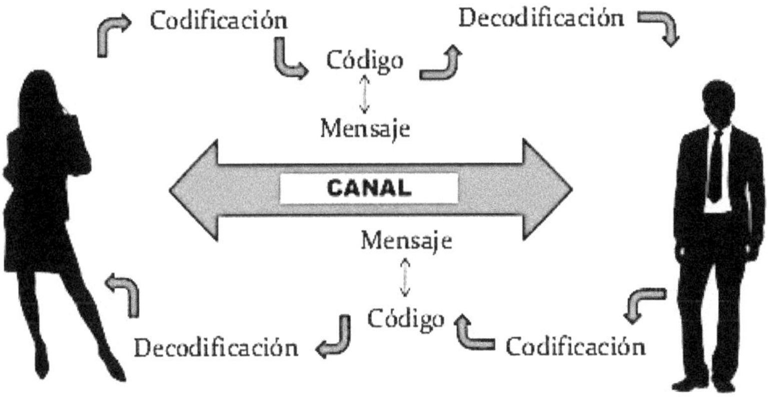

Observando este diagrama básico de comunicación, encontramos un emisor del mensaje (la mujer) y un receptor del mismo (el hombre). Entre medio de ellos encontramos un canal de comunicación, pudiendo ser un dialogo verbal, y por medio de este canal se encuentra el mensaje a transmitir. Hasta aquí el proceso parece bastante simple, pero puede volverse mas complejo cuando aparecen variables como el código del mensaje, la codificación del mismo y su respectiva descodificación por parte del receptor. Cuando hablamos de un CODIGO nos referimos a un idioma, a una temática en particular y a un determinado lenguaje técnico. La codificación del mensaje esta directamente relacionada con la forma que tiene el emisor de transmitir el mensaje y la descodificación esta directamente relacionada con la capacidad que tiene el receptor de interpretar el mensaje codificado por el emisor.

Imaginemos un ejemplo donde un instructor recién recibido va a ofrecer su primera lección de vuelo y le toca un piloto de línea aérea con miles de horas de vuelo y años de experiencia en su haber. Este alumno le solicita practicar procedimientos muy avanzados, los cuales el instructor solo ha visto o conocido en el concepto teórico pero no práctico por su falta de experiencia. En esta situación, quizás la codificación del mensaje que intente transmitir el instructor no sea lo suficientemente clara para el alumno, ya que su capacidad de codificación se verá afectada por su falta de experiencia y de parte del alumno habrá una capacidad de descodificación del mensaje muy superior debido a la experiencia profesional.

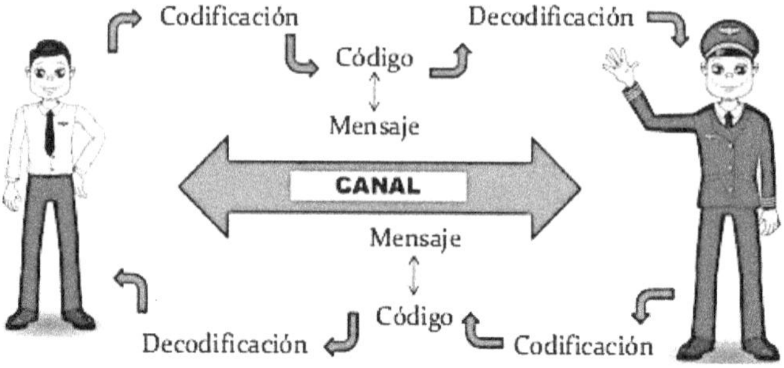

Para que quede aun mas claro, imaginemos una situación opuesta donde el instructor es un piloto de línea aérea retirado con miles de horas de vuelo de experiencia, y el alumno es un aspirante a piloto que desea realizar el primer o segundo vuelo de su curso. En este escenario si la codificación del instructor es demasiado avanzada, seguramente el alumno no logre decodificar correctamente el mensaje y no sea capaz de asimilar el contenido que el instructor desea transmitirle.

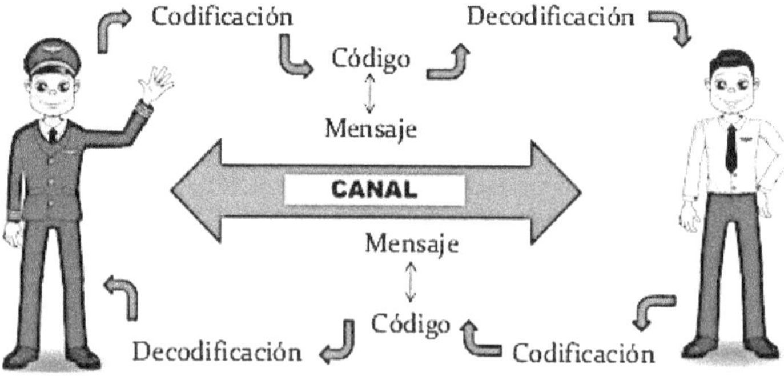

Como podemos ver en cada ejemplo, el éxito o el fracaso de una lección esta directamente relacionado con la codificación y descodificación del mensaje. Al éxito de este proceso lo llamaremos comunicación efectiva, donde la codificación por parte del instructor ha sido correctamente adaptada a la capacidad de descodificación del alumno y ha llevado a éste a comprender la lección de manera satisfactoria. A lo largo de los años de experiencia, tanto de alumno como de instructor, han demostrado que una comunicación efectiva es la clave para ofrecer una instrucción aérea de excelencia.

La errónea comprensión de este concepto y de su importancia, es uno de los principales factores donde la instrucción aérea suela fallar. A diferencia de lo que se cree, para lograr el éxito en la instrucción aérea, no basta con poseer los contenidos teóricos o la experiencia de vuelo suficiente, sino que es indispensable abastecerse de herramientas pedagógicas y de comunicación como las mencionadas para lograr transmitir un mensaje correcto, ya que al fin y al cabo, el instructor es un "comunicador" y por tal rol debe conocer todas sus variables.

Por otra parte, existen diferentes barreras e interferencias que suelen distorsionar el mensaje de la comunicación, aunque este haya sido correctamente codificado por parte del instructor. Las diferencias ideológicas, religiosas, culturales, idiomáticas, etc; pueden generar una interferencia en el mensaje. Imaginemos que nuestro instructor solo habla español y que el alumno es un estudiante francés que domina parcialmente el idioma español. Aquí puede existir la barrera idiomática que genere una interferencia y/o confusión en el proceso de comunicación. Por suerte contamos con herramientas que logran superar estas barreras e interferencias. Pero aquí surge un interesante interrogante, ***Como detectamos estas interferencias?***. En este punto entra en juego la retroalimentación o Feedback de la comunicación. Volvamos al ultimo ejemplo del instructor experimentado y su alumno principiante:

Como podemos ver en la parte inferior del diagrama de comunicación, el alumno también emite un mensaje con su respectiva codificación pero no siempre por el mismo canal, lo que puede complicar la descodificación por parte del instructor.

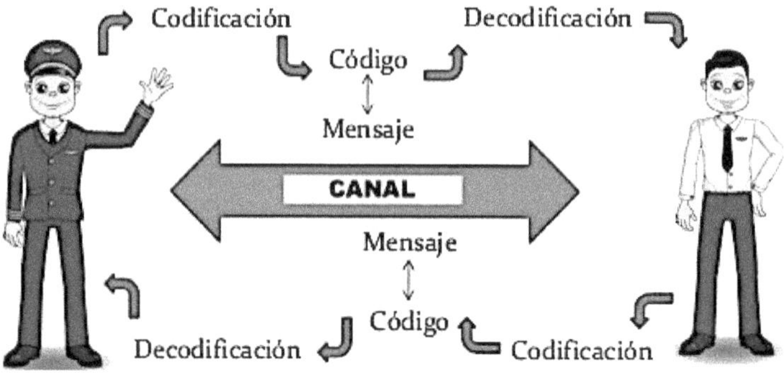

Esta diferencia en el canal de la comunicación del alumno, es la principal herramienta que tiene todo instructor para interpretar el verdadero mensaje. Veamos un ejemplo:

Imaginemos que el instructor le describe la maniobra de vuelo recto y nivelado con todos sus detalles y con la mayor claridad posible, por su parte, el alumno recibe la información y le informa al instructor que ha entendido a la perfección la maniobra pero al mismo tiempo es incapaz de mantener el avión (simulador) en vuelo recto y nivelado. En este escenario se presenta un feedback o una retroalimentación por dos canales diferentes al mismo tiempo. Por un lado, mediante un canal verbal el alumno confirma que ha entendido a la perfección y por otro lado mediante un canal no verbal demuestra lo contrario. Esta es la principal herramienta de todo instructor, la interpretación de el lenguaje NO VERBAL, temas que analizaremos en las paginas siguientes.

Continuando con la comunicación verbal, existe un rol de suma importancia que cada instructor debe aprender a sobrellevar, el rol de ser el receptor en el proceso de comunicación, el rol de ser el oyente. Escuchar atentamente al alumno es un rol indispensable para poder comprender mejor su mensaje. Pero no confundamos este termino, no estamos haciendo referencia a "oír" al alumno sino a "escuchar" lo que tiene que decir. La diferencia entre oír y escuchar a un alumno radica en la intención de hacerlo. El instructor oye involuntariamente el sonido del motor de su avión (simulador) pero escucha voluntariamente y con intención lo que el alumno tiene para decir. Parece simple pero no es un rol del todo fácil de interpretar correctamente. Todo buen receptor debe hacerse de las siguientes herramientas para lograr escuchar de manera efectiva a su emisor:

- *Mantener una actitud calma al escuchar.*
- *Nunca juzgar lo que se escucha.*
- *No interrumpir al emisor.*
- *Pensar antes de responder.*

Todas y cada una de ellas, pequeñas herramientas que harán de un instructor, un gran receptor a la escucha. Veamos un ejemplo de lo que sucedería si se omiten algunas de estas herramientas por parte del instructor:

Volviendo al ejemplo del instructor experimentado y su alumno principiante, el instructor le explica una maniobra compleja a su alumno y este responde repitiéndole la explicación para confirmar lo escuchado. Al escuchar a su alumno, el instructor cree que esta de mas que el estudiante le repita lo que acaba de decirle, por lo que decide interrumpirlo repentinamente con intención de aclarar rápidamente la maniobra a realizar.

En este caso, el instructor careció de todas las herramientas! No pudo mantener una actitud calmada al escuchar. Juzgó a su alumno de no haber entendido. Lo interrumpió en medio de su dialogo y decidió volver a explicarle la maniobra al alumno, cuando en realidad este, si había entendido como hacerla, solo necesitaba la confirmación y/o seguridad personal de poder explayarse para luego realizar el procedimiento. Aquí el instructor solo se limito a "oír" a su alumno pero no a "escuchar" lo que tenia para decir.

La "técnica de escuchar" es una técnica que se debe tener presente todo el tiempo y requiere una practica constante. Parece simple pero el desvío a esta técnica es muy común, usualmente involuntario y degrada en gran medida a la calidad de la instrucción.

Comunicación No Verbal

En su libro llamado ***"El Cuerpo Habla"*** *(un libro de lectura obligatoria para todo buen instructor),* el ex agente del FBI ***Joe Navarro***, describe que en un dialogo se produce un proceso de comunicación constante, pero solo el 20% de esa comunicación es verbal, el restante 80% se comunica a través del lenguaje NO VERBAL como los gestos, expresiones corporales, acciones mecánicas del cuerpo, o simplemente reacciones instantáneas de cada personalidad.

La capacidad que pueda adquirir un instructor para interpretar el lenguaje corporal será, sin duda alguna, la mejor herramienta que tendrá para conocer que es lo que el alumno esta entendiendo y que es lo que le esta generando dificultades. Si bien existe una inmensa cantidad de libros y capacitaciones sobre este tema, nos detendremos a conocer los puntos mas importantes de la comunicación no verbal.

Basados en los conceptos que describe *Joe Navarro* en su obra, el instructor debe estar siempre atento a la conducta de su alumno y prestar especial atención a su lenguaje corporal para comprenderlo mejor. Pero, ***que es exactamente lo que debemos observar?.*** Una de las conductas no verbales mas evidentes y fáciles de detectar son los **"Gestos Apaciguadores".** En su libro *"El Cuerpo Habla", Joe Navarro* los describe de la siguiente forma:

"Cualquier contacto con la cara, la cabeza, el cuello, el hombro, el brazo o la pierna en respuesta a un estimulo negativo, es un comportamiento apaciguador".

Cuando nos referimos a un estimulo negativo en nuestro alumno puede ser simplemente el hecho de enfrentarse a una situación donde no comprende la lección que el instructor intenta enseñarle, enfrentarse a una situación incomoda que le genera inseguridad o cualquier otro tipo de situación que su cerebro considere como una amenaza a su tranquilidad. Ante esta situación, nuestro cerebro, AUTOMATICAMENTE, manda una señal al cuerpo y este realiza un gesto apaciguador, indicándole al cerebro que todo esta bien y bajo control. Es una respuesta involuntaria del ser humano, no podemos predecirla. Veamos un ejemplo:

Es normal ver a personas que hablan en publico con total comodidad y completamente desenvueltas, pero volvamos ahora con nuestro alumno principiante e imaginemos que le pedimos que brinde una clase a sus compañeros de curso y explique frente a ellos una determinada maniobra, seguramente esto el genere una situación incomoda a la que no esta acostumbrado y lo mas probable es que manifieste *"Gestos Apaciguadores",* al menos hasta entrar en confianza y sentirse cómodo.

La importancia de que un instructor tenga la capacidad de detectar estos gestos apaciguadores radica en tener la oportunidad de corregir su lección para que sea mas fácil de comprender o mas amena de escuchar, ya sea que estemos ante una lección de vuelo dentro de la cabina del avión (simulador) o sentados en el aula ante una clase teórica de algún tema en particular.

En vuelo, el instructor puede evidenciar una incomodidad ante una explicación, al notar que su alumno manifiesta un gesto apaciguador al oír la explicación que le ofrece o bien al llevar a cabo la maniobra de vuelo y ésta no le sale del todo bien. Por otra parte, en el aula de clases es mas simple notar los gestos apaciguadores de los alumnos, ya que hay un contacto visual directo con cada uno de ellos, lo que permite visualizar todo su cuerpo detectando cada gesto que puedan realizar. Es importante tener presente que los gestos apaciguadores son una herramienta para el instructor, que les advierte cuándo algo no esta del todo bien. Aprender a usar esta herramienta, convierte a un instructor tradicional en todo un educador profesional.

Existen diversos gestos apaciguadores que podemos detectar en nuestros alumnos, los mas comunes suelen manifestarse cerca del rostro y resultan fáciles de detectar:

- Acariciarse la nuca de lado a lado.
- Frotarse la barbilla, Acariciarse la mejilla, cejas, labios, etc.
- Exhalar con las mejillas infladas.
- Acomodarse la corbata, los lentes, un gorro, etc.

Para que resulte mas claro, veamos un ejemplo practico. Imaginemos que el instructor le esta enseñando la maniobra de "Giros alrededor de un punto" al alumno. Luego de explicarle detalladamente como se realiza, el alumno le confirma que ha entendido, inicia la maniobra y su desarrollo es muy bueno pero luego de unos segundos el alumno comienza a frotarse la parte inferior del mentón un par de veces.

Podría ser una simple picazón? **Quizás!** Aunque lo mas probable es que se trate de un gesto apaciguador debido a que esta enfrentando una maniobra que no conoce y que le esta resultando difícil de mantener. Esta situación dispara una alarma en su cerebro que indica la presencia de una amenaza a su tranquilidad y por tal motivo, el cerebro envía una señal para que el cuerpo actué y minimice a la amenaza.

Mas allá de los gestos mencionados como los mas comunes, existen decenas mas, e incluso, gestos adicionales y propios de cada persona. Lo importante aquí es que el instructor DEBE prestar atención a estos gestos, ya que probablemente le este indicando que el alumno esta pasando por un proceso incomodo.

Aprender a dominar los conceptos básicos del lenguaje corporal, puede darnos las herramientas necesarias para descubrir si nuestro alumno esta entendiendo correctamente la lección, para saber si ante una clase con un publico concurrido, nuestra lección esta aburriendo a los oyentes, o simplemente para detectar cuando nuestra explicación no ha sido lo suficientemente clara como para que el alumno la comprenda.

Tengamos en cuenta que todos, ABSOLUTAMENTE TODOS los seres humanos manifestamos gestos apaciguadores en ciertas circunstancias, ya que se trata de una respuesta inconsciente de nuestro cerebro.

Pero no todo el lenguaje corporal se basa en gestos apaciguadores, existen otras reacciones inconscientes que denotan incomodidad por una situación determinada. Si bien los gestos apaciguadores son considerados de simple detección, existen otros signos que resultan mas complejos de evidenciar o de interpretar correctamente. Por ejemplo los gestos de “Negación”, no se trata solo de una negación con la cabeza o manos, sino que de hecho, no parecen negar nada a simple vista. Veamos:

La inclinación hacia atrás: esta acción inconsciente del cerebro, es un fiel indicador de que algo lo esta incomodando y decide ordenarle al cuerpo que retroceda. Imaginemos que el instructor esta dictando una clase en un aula con varios estudiantes, al explicar la formula de sustentación a sus alumnos principiantes, la mayoría lo observa detenidamente, pero llega a notar que dos de los alumnos se inclinan hacia atrás apoyando su espalda en el respaldo de sus asientos.

“EL CUERPO HABLA” - Joe Navarro (2008)

A estas dos personas, la explicación del instructor puede haberles generado una situación incomoda al no terminar de interpretar la formula de sustentación correctamente, por lo que su cerebro le da la orden al cuerpo que retroceda ante la amenaza que lo incomoda.

Veamos otro ejemplo, ahora el instructor esta al pie del avión (simulador) enseñándole la inspección previa a su alumno, al los parámetros del motor, comienza a explicarle brevemente sus componentes, allí nota que el alumno da un paso hacia atrás, lo cual indica que podría existir un tema en particular que no termina de comprender y le genera una situación incomoda, a la cual, el cerebro decide retroceder.

Contrariamente a la inclinación hacia atrás, esta ***"La inclinación hacia delante"*** o acercamiento. Aquí el cerebro esta viviendo una experiencia placentera y le indica al cuero que se dirija en sentido a esa sensación, llevándolo hacia delante. Volvamos al ejemplo del aula de clases donde el instructor esta desarrollando la formula de sustentación. A mitad de lección nota que dos de sus alumnos se han inclinado hacia atrás, pero también que varios se han inclinado hacia delante, apoyando sus brazos sobre la mesa. Esta respuesta del cuerpo, es un indicador de que la situación que esta viviendo el cerebro le agrada o le resulta placentera y le da la orden al cuerpo de que ir hacia delante en busca de esa sensación.

"EL CUERPO HABLA" - Joe Navarro (2008)

Otro gesto de negación habitual se basa en el torso del cuerpo y la protección inconsciente de él. El torso frontal de una persona es su parte mas importante, su lado mas sensible a los impactos, por tal motivo el cerebro manda una orden inconsciente de protección ante una situación que lo incomoda por alguna razón. Este gesto le hacemos y vemos a diario y el ***"Cruce de Brazos".*** Una indicación fiel del cerebro de que debe proteger su lado mas vulnerable ante una situación incomoda.

Este gesto típico puede darse en situaciones cotidianas donde dos personas están teniendo una discusión y una de ellas opina algo desfavorable y provoca que la otra persona no le guste lo que esta escuchando, ante esta situación llega la negación inconsciente. Otro ejemplo habitual puede darse no solo con los brazos, sin con cualquier otro objeto que cubra el torso frontal. Una conducta típica de una adolescente caminando desde la escuela hacia su casa, donde debe pasar al lado de un grupo de estudiantes y ubica sus libros y/o cuadernos al frente de su pecho, quizás por comodidad o simplemente por un acto de negación e incomodidad de tener que atravesar una zona con desconocidos que la observarán.

Volviendo al ejemplo del aula, el instructor desea profundizar mas en detalle, el desarrollo de la formula de sustentación y nota que alguno de los alumnos que se ven cómodos con la clase, han cruzado sus brazos. Esta situación podría llevar al instructor a pensar que profundizar el contenido de la lección hasta un determinado nivel, no ha sido buena idea, ya que su publico paso de la comodidad de su clase a una situación incomoda. Aquí los gestos de negación sirven como indicativo del nivel de exigencia que el alumno puede tolerar, evidenciando el punto justo donde inicio su incomodidad.

Por ultimo, llega el turno de los gestos faciales. Nada mas usuales en una persona que los gestos con su rostro. Estos son un cartel indicativo constante de los sentimientos de cada persona. Resultan fáciles de evidenciar, y difíciles de esconder. Conozcamos algunos de los gestos faciales mas representativos del ser humano y aprendamos a interpretar sus posibles significados en beneficio de la instrucción aérea.

Emociones Positivas, Neutrales y Negativas: el rostro del ser humano forma uno de los principales demostradores de emociones como la felicidad y la tristeza. El entorno de la cada se encuentra rodeado de músculos y nervios que reaccionan a estímulos emocionales y dejan en evidencia sensaciones de felicidad, neutralidad y tristeza. Conozcamos como identificar estas señales.

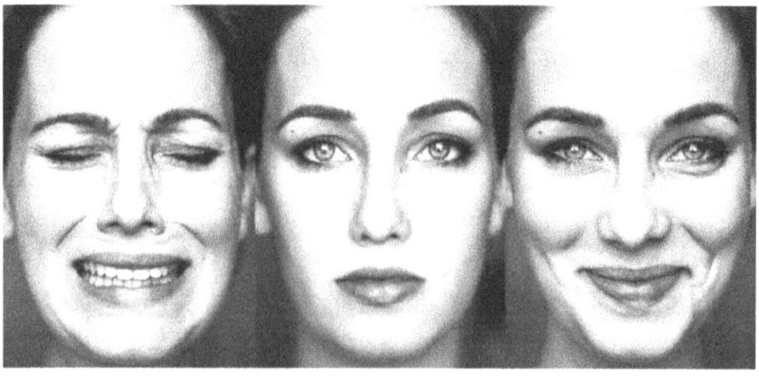

Cuando el cerebro se relaja y recibe estímulos positivos, disfruta de un determinado momento e informa a los respectivos músculos del rostro que no existen amenazas, por lo cual pueden relajarse, esta orden directa de cerebro lleva a la neutralidad.

La zona superior del rostro, donde se ubican los ojos y las cejas, forman la principal zona de las emociones. Cuando el cerebro recibe estímulos negativos, la primera acción es evadirlos cerrando los ojos. Por el contrario, cuando el cerebro recibe estímulos agradables y satisfactorios, abre los ojos para aceptarlos.

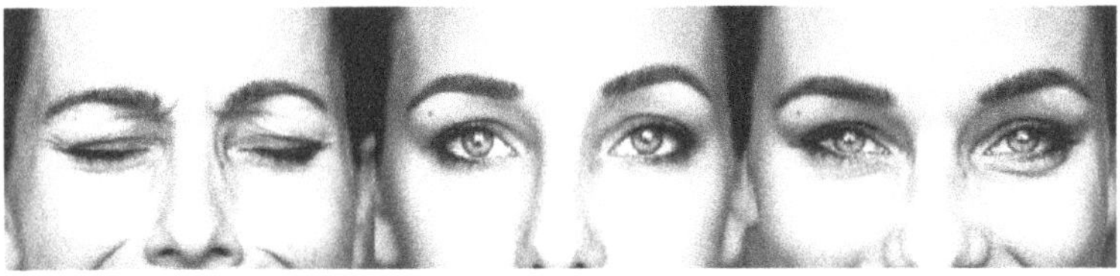

Otro ejemplo característico de comunicación es el movimiento de las cejas, donde se puede expresar bienestar al mantenerlas separadas con un ceño relajado; malestar al unirlas con un ceño fruncido o bien una sensación de sorpresa o asombro al elevarlas.

Ahora bien, la ventaja de que el instructor denote estas reacciones es que pueda evidenciar la reacción natural de su alumno ante la explicación de una maniobra determinada. Imaginemos que el instructor intenta enseñarle a su alumno una maniobra compleja pero éste no logra comprenderla con facilidad. Luego de la explicación, el alumno realiza la maniobra de forma incorrecta e instintivamente frunce o arruga su ceño manifestando que no le agrada la situación. Cuando el instructor logra detectar esta reacción, cambia la técnica de su explicación e intenta algo diferente. En esta nueva lección sobre la misma maniobra, el alumno logra comprender con facilidad y realiza la maniobra a la perfección. Ante esta situación el alumno eleva sus cejas en gesto de asombro y abre sus ojos para recibir esta información de manera positiva.

Otra de las señales de los ojos son las pupilas, mas difíciles de detectar pero brindar una información verdadera ya que el ser humano no tiene directo control sobre ellas. Numerosas investigaciones han demostrado que las pupilas responden a estímulos externos como la luz o internos como las emociones. La acción de dilatación o contracción de las pupilas brinda ante la exposición de la luz funciona de manera similar que el lente de una cámara que al cerrarse o abrirse regula la intensidad de luz permitida.

Por otra parte, la dilatación o contracción de las pupilas también responde a emociones inconscientes e involuntarias de la persona. Emociones como al alegría y/o excitación pueden dilatar las pupilas. Por el contrario emociones como el miedo o enfrentamiento a situaciones desagradables, hacen contraer las pupilas indicándole al cerebro que intentará evitar el ingreso de esa información de manera preventiva. Durante un examen practico donde el alumno esta llevando a cabo correctamente una maniobra, podríamos evidenciar sus pupilas mas dilatadas de lo normal, al estar pasando por una situación de excitación y alegría. Por el contrario si notamos que sus pupilas se encuentran dilatadas y al realizar la maniobra, estas se contraen sin estar en presencia de una intensa luz, podríamos asumir que la situación lo esta incomodando, por lo cual el instructor debería tomar acciones para mitigar el posible error que se avecina.

Por último bajamos hasta los labios, uno de los indicadores de estrés mas sinceros que posee el cuerpo humano. Las situaciones de estrés llevan al cerebro a la contracción de músculos una reacción involuntaria ante una amenaza. Esto sucede con los labios, cuando existe un nivel determinado de estrés en el ser humano, éste comienza a apretar los labios. La intensidad con la que los aprieta dependerá del nivel de estrés.

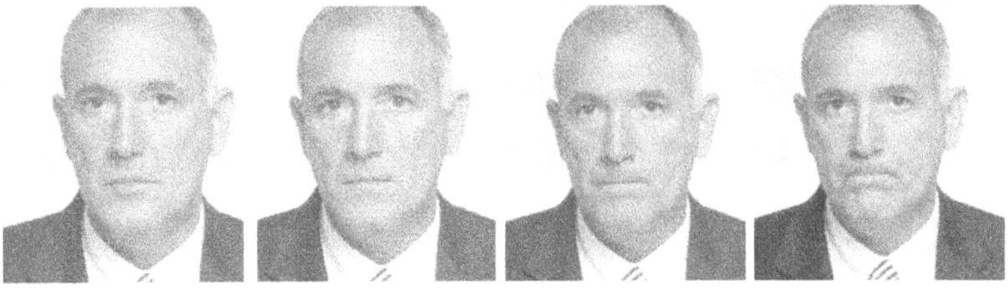

Analicemos un ejemplo. Imaginemos que nuestro alumno esta intentando sobrellevar sus primeros vuelos con el avión (simulador) recto y nivelado pero esta sobrevolando una zona de ligeras turbulencias. A causa de ello, al alumno le resulta difícil mantener el avión (simulador) nivelado y por mas que se esfuerce no logra conseguirlo. Esta situación lo va cargando de estrés continuamente y sus labios se van apretando mas y mas mientras que intenta sobrellevar el vuelo. Ante este escenario será tarea del instructor decidir hasta que momento le permite a su alumno manejar esos niveles de estrés sin afectar su autoestima.

Hablar en Público

La oratoria es uno de los grandes temores de todo educador que recién inicia su carrera. Hablar en público se ha convertido en un tema de cuidado con el correr de las décadas. Pero cuál es el verdadero riesgo de hablar en publico? Equivocarse?, quedar mal?, hacer el ridículo?, quizás lo hagas, pero la realidad muestra que todas las personas tienen por naturaleza, cierta aprensión a hablar en publico y que con el correr de las cátedras o las horas y horas de exponer ante un público determinado, este temor se va disipando hasta desaparecer.

Ahora bien, hemos entendido que el temor o la aprensión a hablar en publico es algo normal en el ser humano y que con el tiempo se hará cada vez mas simple, pero quien recién da sus primeros pasos en la educación, se enfrenta ante un enorme problema al momento de dictar una clase a una multitud. Para ellos, es que existen cientos de técnicas para dominar la oratoria y cualquiera de ellas podría ser de utilidad, pero mas allá de las diferentes técnicas, existen algunas premisas que siempre deben cumplirse para que la exposición de la clase tenga éxito, veamos:

La Preparación: es indispensable preparar el tema que vayamos a exponer ante el publico. Tener conocimiento de lo que necesitamos comunicar nos dotará de una seguridad indispensable para sobrevivir ante la multitud. El dominio del tema a tratar hace que la clase pueda tomar diferentes caminos sin estructurarse en una guía de temas estricta, siendo de esta manera, mas flexible para llevar al público al estado de entretenimiento que buscamos.

Con preparación hacemos referencia a armar el temario que deseamos enseñar, investigar todas las posibles dudas o preguntas que puedan llegar a tener y responderlas de antemano. No dejar nada al azar y tener todo previsto en la preparación, serán de gran ayuda al momento de presentarnos ante el público.

La Práctica: otra gran premisa a cumplir, es sin lugar a dudas, la práctica de la clase o exposición que debemos presentar. Si bien la mayoría de los educadores recomiendan pararse frente a un espejo y comenzar a hablar, el orador puede practicar en todo momento, al ir caminando y repasando los temas importantes mentalmente, al ir sentado en un autobús imaginando la introducción de la clase, o cualquier otro

entorno que lo lleve a desarrollar los temas en su mente. Tener la posibilidad de practicar en voz alta, parte de su clase, ya se ala introducción o un tema especifico, servirá de guía par aprobar el tono de voz con el cual el orador esta planteando la exposición. Parece algo sin importancia pero el tono de voz es fundamental para cautivar la atención del publico.

La Voz: La mejor herramienta que tenemos para comunicarnos con el público y entregar un mensaje impactante, es la VOZ. Lu voz debe ***proyectar entusiasmo y convicción***, pero al mismo tiempo debe ser agradable para quienes la escuchan. Una voz bien modulada tiene mucho mayor poder que una voz monótona. Es por eso que debemos hacer cambios en el volumen, tono y velocidad de la voz a lo largo de toda la presentación. Esos cambios no sólo servirán para inyectar suspenso y emoción al público, sino también para evitar que se aburran o se queden dormidos.

El "Plan B": Pensar en "qué puede pasar si…" genera ansiedad. "¿Qué pasa si la computadora no reconoce la presentación de PowerPoint?", "¿Qué pasa si alguien interrumpe constantemente?" y "¿Qué hago si el proyector no funciona?" son alguna de las interrogantes que pueden sembrar el pánico en cualquier orador. No solo se trata de salvaguardar la información que debemos transmitir en la clase, sino que en realidad se trata de ganar confianza en nosotros mismos, atacando directamente ese temor permanente a que algo salga mal. Al tener listo un plan de contingencia, nos hacemos de esa seguridad necesaria para liberar la tensión y disfrutar de una clase amena.

El Movimiento del Orador: existen dos tipos de oradores o expositores, los estático y los móviles. Un orador fijo se limita a expresar el contenido de su temática en un lugar determinado, sea un atril, un escritorio o simplemente

parado frente a una pizarra. El orador móvil, es mucho mas dinámico, camina su entorno, gesticula con su cuerpo, acelera y desacelera sus movimientos y genera un ida y vuelta a lo largo de todo su espacio interactuando con su publico. Si bien ambos oradores pueden tener éxito en su entorno, el presidente de un país hablándole a su pueblo responde mas a un orador estático y un instructor o profesor brindando una cátedra a sus alumnos responde mas a la figura del orador móvil. Ambas figuras tienen sus puntos fuertes y sus puntos débiles. Lo importante es adaptar la figura de orador en función al publico y entorno que se nos presente al momento de exponer.

El Público: aquí llegamos a uno de los pilares de la oratoria. Sin lugar a dudas, el publico definirá nuestra forma de exponer o hablar ante él. No brindaríamos la misma exposición de un tema ante dos públicos diferentes. Por ejemplo, el instructor debe planificar una clase de aerodinámica, y tiene dos públicos diferentes. Por la mañana dictará la clase a alumnos iniciales recientemente llegados a la academia y por la tarde expondrá el tema a los alumnos avanzados futuros pilotos comerciales. Ante una misma temática, el publico definirá el tono de la comunicación, pero el verdadero poder del publico va mas allá de definir el tono de la clase y radica en el posible dinamismo que pueda tener la misma. Un publico cooperativo, participativo y entusiasta hace que la clase sea dinámica, participativa y entretenida, por otra parte un publico pasivo y llano hace que la clase se torne meramente informativa y tediosa. Si bien es tarea compleja revertir la esencia de un publico determinado, es decir, hace participar a un publico pasivo, no es una tarea imposible pero lleva su tiempo. Volviendo al tema anterior, en esta situación sería de mucha ayuda que el publico contase con

un orador móvil y elocuente, capaz de revertir la situación de su publico pasivo y volverlo participativo.

El Entretenimiento: por ultimo llegamos a la pieza fundamental del rompecabezas, el goce de una clase entretenida, un goce tanto para los alumnos como para el expositor. Buscar el entretenimiento en una clase no es tarea sencilla y requiere de cierto carisma por parte de quien este al frente. Si bien cada personalidad es diferente, no por ser una persona falta de carisma, la clase se va a derrumbar. Imaginemos a la exposición como una gran actuación frente aun publico en un teatro a sala llena. Allí los actores presentarán una obra sobre una comedia de enredos amorosos. Sin dudas cada actor tiene su propia personalidad, pero dentro del guion harán lo posible para entretener a su publico y para disfrutar ellos mismos de cada escena, ya que saben que cuando ellos la pasan bien y disfrutan de lo que están haciendo, el publico lo nota. En las clases o exposiciones sucede lo mismo. El publico nota si el profesor, instructor o expositor esta pasando un buen momento, agradable y entretenido o si esta pasando un momento incomodo o desagradable. Esta información en un publico exigente sería catastrófica ya que al evidenciar esta vulnerabilidad del expositor, seguramente continuarían con preguntas y cuestionamientos para hacer de su cátedra aun mas incomoda. Por el contrario, si el publico nota que el expositor esta pasando un buen momento, querrán ser parte de el y disfrutar de lo mismo que esta disfrutando el expositor. El éxito de este factor tan importante esta en iniciar la clase con una sonrisa y terminarla de la misma manera.

Habiendo aprendido las premisas principales, vamos a aplicarlas a un ejemplo concreto. Imaginemos que el instructor llega a la academia y en su primer semana de trabajo le asignan la cátedra de la materia "Navegación Aérea", la cual debe exponer a sus alumnos iniciales en un par de días. Tendrá un publico numeroso de 15 personas en su aula. Esta será su primera clase con un publico tan numeroso y quizás una de las primeras clases de su vida como docente.

Con un poco de nerviosismo por el inicio de su actividad, el instructor vuelve a su casa y comienza a preparar los temas que desea dar en su primer clase. Para ello define los siguientes ítems:

- Cantidad de temas a tratar y duración de la clase.
- Introducción de la clase
- Desarrollo de los tema.
- Posibles dudas y preguntas.
- Planificación de temas adicionales.

Con estos cinco ítems ha preparado el escenario para la actuación. Primeramente ha definido la cantidad de temas a tratar en función al tiempo disponible de su clase, un detalle que hace a la correcta planificación. Luego da el primer gran paso en la oratoria y planifica la presentación o introducción del tema en su clase, el gran momento donde "Rompe el hielo"!. Seguido a ello, el desarrollo de la temática y luego plantea las posibles interrogantes que podrían surgir en sus alumnos, estudiando las posibles respuestas, cuestión de estar totalmente listo para el desafío. Pero no ha terminado ahí, tiene un plan de contingencia adicional, ha planificado temas adicionales para el supuesto caso de que el tiempo de la clase haya sido excesivo y aun sobre minutos por delante. En este caso es fundamental continuar con algún otro contenido relacionado y evitar el silencio del aula por falta de temas a tratar. El orador puede quedarse sin tiempo y aun con temas por tratar, debido a la interacción del publico y su constante demanda de tiempo, pero por ninguna razón debe quedarse sin contenidos aun faltando tiempo para terminar.

Luego de esta exitosa planificación, el instructor principiante decide adentrarse mas en el tercer ítem de su lista, el desarrollo de la clase, y comienza a analizar a su publico. Nota que son alumnos principiantes, jóvenes y "sedientos de conocimientos y anécdotas". En función a este razonamiento decide convertirse en un "orador móvil", planificando la interacción con su publico y haciéndolo participativo con el fin de lograr una clase entretenida, alegre y amena para ambas partes.

Llegó el gran día. El instructor ingresa a su aula donde lo esperan 25 alumnos, 10 mas de lo esperado. Con la mayor calma posible, saluda al grupo, abre su carpeta y acomoda sus notas (el guion del actor). Inmediatamente después y sin sentarse voltea a su publico y pregunta en voz alta: *Alguno de los pilotos presentes ha visto algún tema de navegación visual últimamente?.* A sabiendas de que la respuesta es NO, el instructor busca romper el hielo alagando a sus alumnos al llamarlos "Pilotos", aquí ha generado un lazo entre ambas partes, donde su publico se ha sentido cómodo sabiendo que son parte de algo, mas allá de que no tengan la respuesta positiva a su pregunta.

La clase inicia con sus temas básicos de navegación, conocen la definición de RUMBO, CURSO y DERIVA, mientras que el instructor camina de un lado hacia otro de su aula, explicando cada uno de estos términos. Su caminata lo define como un orador móvil, quien busca una dinámica de movimiento a lo largo de su entorno. Este dinamismo evita el aburrimiento de su publico, quien debe seguirlo con la mirada y prestar atención a los cambios del volumen de su voz. Al finalizar la explicación de la ultima definición, decide cambiar los roles, voltea nuevamente y vuelve a preguntarle al publico: *Algún piloto que pueda explicarme la relación entre estos tres conceptos?.* Independientemente de las respuestas, el instructor ya ha logrado que su publico sea uno participativo. Su clase esta teniendo dinamismo, sus alumnos halagados por la mención de "pilotos", se sienten desafiados en cada pregunta y ansiosos por el reto siguiente. El instructor mira su reloj con el fin de calcular el tiempo restante y nota que aun quedan 30 minutos para finalizar pero los temas se han acabado. Por suerte tenia previsto esta situación y continua con temas mas avanzados hasta finalizar la cátedra.

Al finalizar, su clase ha sido un éxito!

El Proceso de Enseñanza

Enseñar es uno de los trabajos mas viejos de la historia, han transcurrido siglos y siglos donde el ser humano ha enseñado y a aprendido. En este proceso siempre intervienen dos actores, tal como lo menciona el diagrama de comunicación. Ahora bien, que crees que se necesita para enseñar?. No basta con saber o tener el conocimiento de un tema en particular, sino de tener las herramientas para lograr transmitirlo de la manera correcta a cada receptor. Un instructor podrá tener todos los conocimientos y experiencia profesional pero si carece de las herramientas de enseñanza, nada podrá hacer ante un alumno.

Aprender el proceso de enseñanza se trata justamente de conocer todas las herramientas con las que contamos como instructores y aprender a aplicarlas en su justa medida. A lo largo de la corta vida aeronáutica, el ámbito ha investigado cual o cuales son los factores que hacen a un "buen instructor". Esta investigación ha revelado que los instructores efectivos vienen en muchas formas, pero generalmente poseen cuatro habilidades esenciales de enseñanza: empatía interpersonal, experiencia en la materia, habilidades de gestión y habilidades de evaluación. Detallemos brevemente estas cuatro cualidades antes de continuar con el proceso de enseñanza:

Empatía interpersonal: cuando hablamos de un buen manejo de las relaciones interpersonales, hacemos referencia a actitud que debe tener un instructor con cada uno de sus alumnos. Una buena relación personal con los estudiantes genera un clima agradable de trabajo, tanto para el instructor como para el alumno. Teniendo siempre presente que las personalidades varían en cada estudiante, es común que se de el caso donde al instructor no le resulte agradable al personalidad de su alumno o simplemente le incomode su forma de desenvolverse. Ante todo debemos recordar que mas allá de la relación instructor – alumno, son solo dos personas compartiendo un tema y que existe la posibilidad de que no haya una buena conexión entre ellas. En este punto es el instructor quien debe generar la suficiente empatía para omitir su incomodidad y recordar cual es su misión.

Experiencia en la materia: la experiencia de un instructor es un ítem fundamental para que la enseñanza sea productiva y eficiente en el alumno. Un piloto experimentado posee herramientas adicionales para desenvolverse mas cómodamente ante situaciones complejas. La posibilidad de compartir experiencias pasadas con un alumno, le ofrece a éste, información adicional y de comparación para formar un modelo a seguir.

Habilidades de gestión: un buen instructor debe poseer la capacidad de gestionar correctamente sus recursos, los de sus alumnos, los de la academia de vuelo y los de su aeronave. La correcta gestión de los recursos hace que la instrucción aérea posea la cantidad justa y adecuada

de información. Por otra parte, una gestión errónea de los recursos por parte del instructor, podría confundir al estudiante al intentar absorber contenidos inadecuados para su nivel.

Habilidades de evaluación: inevitablemente un instructor debe poseer la capacidad de evaluar, no solo a sus estudiantes sino a su entorno, a si mismo, a sus colegas y a su desempeño como educador. Una correcta evaluación siempre es productiva y ayuda a mejorar. Este tema suele ser confundido con facilidad con el hecho de evaluar lo aprendido en un alumno, pero va mas allá de evaluar que ha aprendido o que no. El instructor debe evaluar silenciosamente durante cada lección de vuelo y en cada uno de ellos. Si bien algunas de esas evaluaciones suelen ser compartidas con el alumno para evidenciar su progreso o los puntos a mejorar, un instructor siempre debe evaluar desde su interior a cada momento. Este concepto de evaluación continua funciona como un filtro de errores, donde éste puede prevenirse o bien evitar que suceda nuevamente.

Etapas del Proceso

Mas allá de que el proceso de enseñanza pueda darse en diferentes contextos ambientales, sea un aula, un avión (simulador) o simplemente en un bar, consta de cuatro etapas a cumplir:

En estas cuatro etapas intervienen dos actores, el emisor (instructor) y el receptor (el alumno). Idéntico al proceso de comunicación, existe un canal determinado (ámbito), un mensaje (tema) y una retroalimentación. Veamos las claves de cada etapa:

PREPARACIÓN

Toda clase o lección de vuelo requiere una planificación previa. Esta preparación estará basada en el nivel de los alumnos a instruir. Los temas deben estar pensados para un determinado periodo de tiempo y dentro de un mismo nivel académico. Una buena preparación de cada clase o lección de vuelo, ayudara al instructor a no tener la necesidad de improvisar contenidos y a tener una respuesta acertada a las preguntas que el alumno pueda realizarle.

Cuales crees que son los puntos a tener en cuenta para la planificación de una lección?

Lo primero a tener en cuenta al momento de planificar una clase, una lección de vuelo y un proceso de instrucción, será el o los objetivos a cumplir con el o los alumnos, por ejemplo, si el instructor desea dictar la primera clase de navegación básica para alumnos principiantes, quizás deba plantearse que al final de su clase, el alumno haya comprendido correctamente como obtener un rumbo determinado utilizando una carta de navegación visual.

Ahora bien, que sucede si a mitad de la clase, el alumno ya ha aprendido el concepto satisfactoriamente?. El hecho de haber tenido éxito en la explicación del tema también puede llevar a un instructor a una situación compleja donde el objetivo ya esta cumplido pero aun resta tiempo de su clase. Tal como se menciona en el capitulo del proceso de aprendizaje, el entretenimiento de un alumno es indispensable, por lo cual, si la clase toma un tono aburrido, podría afectar el progreso de los estudiantes. De aquí parte la técnica de ***"Planificación por objetivos"*** la cual hace referencia que al momento de planificar una clase, el instructor debe plantear *objetivos primarios y secundarios.*

Los objetivos primarios hacen referencia a los temas principales que debe cubrir la clase. Son los temas que el alumno necesita aprender de forma obligatoria para dar por cumplida la lección.

Por otra parte, los objetivos secundarios son aquellos temas que siguen al objetivo primario, los cuales son de suma importancia para las lecciones siguientes. Estos objetivos secundarios pueden o no ser aprendidos en la clase actual, pero son de suma utilidad para el educador cuando su objetivo primario ha concluido con éxito y aun resta tiempo de su lección.

Volviendo al ejemplo anterior, el objetivo primario era que el estudiante aprenda a obtener un determinado rumbo en una carta de navegación visual, pero este objetivo primario se cumplió con éxito a mitad del tiempo de la clase. Aquí podríamos considerar continuar con los objetivos secundarios como ser, que el estudiante aprenda a calcular la distancia entre un punto y otro utilizando la misma carta. Si bien este tema estaba pensado para la clase siguiente, ha servido de ayuda para no "aburrir" la clase actual y mantenerla dinámica, ya que el estudiante parece tener la capacidad de seguir aprendiendo en lo que resta del tiempo.

Entendiendo estos conceptos, veamos como sería la estructura de la planificación de una clase:

- Planificación de los temas (objetivos primarios y secundarios).
- Análisis del nivel académico de la mayoría del grupo.
- Consideración del tiempo de la clase.
- Gestión de los objetivos en función al tiempo disponible.
- Equipamiento a utilizar (cartografía, útiles necesarios, etc.).
- Introducción, contenido y desenlace de la temática.
- Comprobación de los resultados.
- Desarrollo de objetivos secundarios, si es necesario.

En los tiempos que corren la presentación ha ganado cientos de herramientas para simplificar su desarrollo. Los medios digitales son de gran ayuda para presentar un tema, tanto en el aula como en vuelo. La clave de esta etapa es lograr una presentación del tema de forma amigable, agradable de escuchar y sobre todo lograr que la lección sea entretenida. Las experiencias vividas en la materia educativa llevaron a considerar que cuando el cerebro humano esta entretenido, se encuentra mas abierto a las nuevas ideas y se siente mas receptivo a la información que pueda adquirir.

La utilización de medios digitales siempre es un excelente recurso educativo pero todo buen instructor debe guardar un "plan B" en caso de que el medio digital falle o el sistema que o soporta (electricidad) debe de abastecer al equipo. En este caso en particular siempre es una buena recomendación contar con medios tradicionales como notas y apuntes para desarrollar en la pizarra cuando una presentación en un proyector digital falla.

La premisa a tener presente es que suceda lo que suceda, el contenido debe desarrollarse y ser completado al terminar la clase, independientemente de lo que pueda suceder para entorpecer su normal desarrollo. Ahora bien, esta premisa aplica fácilmente a las clases teóricas dentro de un aula, donde además de un proyector, podemos contar con una serie de ayudas multimedia que agilizan la clase, o bien tener una pizarra para continuar con la lección; pero que sucede en vuelo?

Imaginemos que inicia la lección de vuelo en un alumno principiante al que le debemos enseñar la maniobra de giros alrededor de un punto, justo cuando vamos a iniciar la maniobra, el intercomunicador falla y se hace muy difícil poder escuchar lo que se habla en la cabina, intenta explicar esta maniobra a los gritos y con mucho ruido ambiente, no solo que va a entorpecer la explicación sino que también dificultaría el correcto entendimiento por parte del alumno. Aquí nuestro "plan B" tiene que haber estado anticipado, es decir deberíamos explicar la maniobra con todos sus detalles antes de subir al avión (simulador), y en el caso de que el intercomunicador falle, el alumno ya tendría la información básica de cómo proceder.

Sin dudas, son muchos los escenarios posibles, pero la premisa fundamental al momento de la presentación es contar con varios recursos que garanticen el correcto desarrollo del contenido, sea cual sea la condición que pueda presentarse.

En esta tercera etapa llega el turno del receptor, del estudiante, quien ha recibido la información necesaria y debe aplicarla en su ámbito correcto. Luego de ello, dará lugar al que el instructor finalice el proceso de enseñanza evaluando lo aplicado. En esta tercera etapa, el instructor debe prestar especial atención a todos los indicios que su estudiante puede darle.

APLICACIÓN

Independientemente de la correcta aplicación del contenido aprendido, el estudiante puede manifestar sin saberlo, ciertas inseguridades o errores conceptuales, los cuales deben ser atendidos por el instructor de forma inmediata, ya qué si son omitidos estos pequeños errores, con el tiempo seguramente se agravarán hasta llegar a ser un error conceptual complejo.

Por último el instructor cierra el proceso de enseñanza evaluando el desempeño de su estudiante luego de haberle brindado toda la información que planifico transmitirle. Aquí finaliza el proceso de enseñanza, considerando que puede darse una y otra vez si es que la evaluación no ha sido satisfactoria.

EVALUACIÓN

Este proceso de enseñanza puede demorar solo unos instantes o bien puede demorar horas, puede ser un proceso inconsciente del instructor o bien puede ser un proceso consiente y planificado. Un instructor educa constantemente, esté o no consiente de ello. Los instructores de vuelo forman la figura de *"Líderes de Opinión"* en su entorno educativo. Lo que dice el instructor siempre es considerado importante por el alumno, sea este consiente de ello o no. Esta situación lleva a que el instructor, a veces sin darse cuenta, este educando por mas de que solo este compartiendo una taza de café con su alumno en una charla post-vuelo. De la importancia de su figura como líder, el instructor debe guardar cierta postura ante sus alumnos.

Proceso de Evaluación

Tal como la mayoría lo conoce, la evaluación es una técnica utilizada al final de cada lección y/o clase, pero en realidad, su función va mas allá de evaluar lo aprendido. El concepto evaluativo abarca otro punto clave en el proceso de enseñanza, influye en la preparación o la primera instancia del proceso. Utilizar la técnica de evaluación o entrevista inicial con un alumno, puede ayudar al instructor a definir objetivos en función a los contenidos que el estudiante pueda poseer hasta ese momento, puede ayudar a evidenciar el tipo de personalidad y/o alumno que el instructor puede esperar o bien puede dar a conocer las fortalezas y debilidades de su estudiante previo a comenzar la lección.

Considerando a la evaluación como una etapa inicial, la llamaremos ***"Evaluación de Desempeño"*** o ***"Evaluación de Contenido"***. Para que ésta sea efectiva y logre aumentar el nivel de rendimiento de un alumno, sebe ser direccionada en función al objetivo de la lección o curso. Veamos un ejemplo.

Al llegar a la academia de vuelo, el instructor se encuentra con un nuevo alumno, piloto ya recibido, con intenciones de realizar la instrucción aérea para una licencia superior a la que posee. El instructor se toma unos minutos y habla con el estudiante quien le hace saber lo que "cree que necesita aprender"! Desde este punto, el instructor puede tomar dos caminos, confiar en lo que el alumno le plantea y seguir adelante con la instrucción o bien realizar una evaluación de contenido y comprobar si el estudiante realmente posee los conocimientos que dice tener, para que en función a ello pueda planificar un determinado plan de instrucción.

En el caso de que el instructor tome el primer camino y confíe en lo que el alumno dice saber, podría generarse un ***"conflicto de contenidos"***, es decir, el instructor podría comenzar a enseñar desde un nivel avanzado, dando por hecho que el alumno domina todos los procedimientos de un nivel inferior y encontrarse con un escenario diferente donde el alumno no solo no comprende lo que el instructor le esta explicando sino que presenta errores básicos y propios de un nivel inferior. Como resultado de esta situación, la lección no podría continuar, ya que el conflicto de contenidos genera una barrera entre lo que el instructor quiere enseñarle a su alumno y lo que el alumno es capaz de aprender.

Imaginemos ahora que el instructor ha tomado el segundo camino y decide realizar una evaluación de contenido antes de iniciar las lecciones. Al realizar su evaluación inicial, el instructor evidencia que el alumno no posee todos los conocimientos que el cree y le sugiere iniciar desde un nivel inferior al que el esperaba, ya que es necesario corregir algunos errores que pasan desapercibidos por el alumno y que podrían ocasionarle una gran barrera en el futuro. Ésta parecería ser la decisión correcta donde el verdadero trabajo del instructor es ofrecerle al alumno los contenidos que realmente necesita adquirir y no los que el alumno cree que necesita, cuestiones que en la mayoría de los casos suelen ser diferentes!

Es este punto, una evaluación de contenidos es un tema delicado a tratar por el instructor. Puede tener varios efectos positivos y negativos en un alumno. Por un lado, puede cumplir la función de motivar al estudiante, mostrándole que necesita aprender mas para mejorar sus técnicas de pilotaje pero, por otra parte, puede jugarle una mala pasada y desmotivarlo. Cuando una evaluación de contenidos brinda un resultado muy diferente al que el alumno cree, puede afectar su autoestima y llevarlo a una instancia emocional de negación, donde no solo no aceptaría la devolución del instructor sino que ya no seria capaz de recibir nueva información al creer que realmente no la necesita. Dado esto, el instructor debe tener especial cuidado al momento de realizar una evaluación inicial, debe elegir correctamente sus palabras, dirigirse al alumno con la mayor empatía posible y evitar afectar su autoestima. Veamos como debería llevarse adelante una evaluación de contenidos.

En una evaluación de contenidos deben tratarse los siguientes temas:

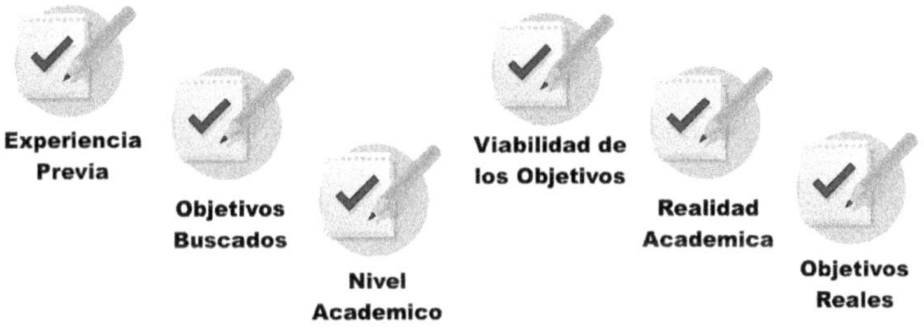

En primera instancia, el instructor debe conocer la experiencia previa de su alumno para conocer cuales han sido sus "pasos aeronáuticos" hasta ese momento. Esta información puede ofrecerle al instructor un panorama de la clase de vuelos que ha realizado, la instrucción que puede haber recibido, y el nivel de exigencia que pudo haber tenido. Por ejemplo: a los fines de la instrucción IFR, no es lo mismo un alumno con 400 hs de vuelo como piloto privado, volando siempre sobre el aeródromo en vuelos fotográficos, que un alumno con 100 hs de vuelo en instrucción IFR volando en condiciones meteorológicas marginales. La cantidad no hace a la calidad, y en función a ello, el instructor podría tener un panorama de cómo orientar su programa de instrucción.

En una segunda instancia, el instructor debe conocer los objetivos que el alumno desea cumplir. Aquí normalmente profesionales de un alumno suelen sobrepasar sus posibilidades, ya que desconoce el proceso a seguir. De todos modos, esta información es muy útil para el instructor ya que le da un indicio de las expectativas de su alumno y en función a ello sería mas acertada la planificación de su programa de instrucción.

Objetivos Buscados

Nivel Educativo

Aquí el instructor se encuentra con el primer punto conflictivo donde debe comparar la experiencia de vuelo de su alumno con su nivel académico. En un estándar ideal de alumno, su nivel de experiencia en vuelo debería ir paralelo a su nivel académico, la realidad muestra que esto no suele suceder a menudo. Por tal motivo este punto se vuelve conflictivo para el instructor, quien es el encargado de evidenciar esta diferencia y hacerle notar al alumno, de la forma mas política y empática posible, la necesidad de equiparar ambas cuestiones, para que la experiencia en vuelo tenga una coherencia con su nivel académico y viceversa.

Basado en el punto anterior, en esta instancia, el instructor debe definir la viabilidad de los objetivos de su alumno y determinar si es posible cumplimentarlos con los contenidos y experiencia que posee el estudiante. Cuando se presenta un alumno nuevo que desea iniciar el curso, esta viabilidad de objetivos quedara en función a las capacidades propias de cada persona para desenvolverse a lo largo de las lecciones de vuelo, por lo cual el instructor no sería capaz de definir la viabilidad de los objetivos hasta tanto transcurran las lecciones de vuelo. Por el contrario, si el alumno ya es piloto recibido, definir al viabilidad de los objetivos de éste, será una tarea mas simple para el instructor.

Viabilidad de los Objetivos

Basándose en los dos puntos anteriores, el instructor puede definir la realidad académica de su alumno, determinando cuál es su verdadero nivel mas allá de su experiencia de vuelo y sus objetivos. Esta información no suele ser compartida con el alumno ya que podría generar un conflicto emocional generando una gran decepción en si mismo por parte del estudiante, al notar que la diferencia entre esta realidad académica y su realidad es muy grande. Un daño en la estructura emocional de un alumno, podría llevar a que éste tome al decisión de no continuar con las lecciones de vuelo.

En esta última instancia, el instructor debe plantear los objetivos reales a los que el alumno puede aspirar a corto plazo. Aquí será de suma importancia la empatía con la que el instructor le brinde esta información a su alumno. Si los objetivos reales difieren en gran medida a los objetivos planteados por el alumno, el instructor se encontraría ante otro punto conflictivo donde debería tener sumo cuidado y saber sobrellevar la situación emocional de su estudiante para lograr sacar su máximo rendimiento. Por otra parte si los objetivos reales son similares a los objetivos personales de alumno, el instructor tendrá *"vía libre"* para exigir el máximo rendimiento en las maniobras que su alumno realice.

Considerando todos estos puntos tratados, si el instructor logra desarrollarlos con la empatía suficiente para que el alumno se sienta cómodo y confiado de la instrucción que va a recibir, se formará un lazo de confianza educativa donde el alumno tendrá la certeza de que el instructor le va a exigir todo lo necesario para lograr su máximo rendimiento, un lazo de confianza donde el instructor podrá realizar su labor sin medir consecuencias emocionales ya que se ha ganado la plena confianza de su alumno.

Tomemos a estas evaluaciones de contenidos como una instancia previa a iniciar la relación con un nuevo alumno, sea cual sea su nivel de experiencia. Como en toda relación interpersonal es muy importante que ambas partes estén cómodas y confíen entre sí. La inexistencia de esta confianza puede evitar que el alumno obtenga su máximo rendimiento y que el instructor se desempeñe a su máxima capacidad educativa.

El Proceso de Aprendizaje

Tanto el instructor como el alumno se ven comprometidos en participar de este interesante proceso que se da en el cerebro humano, ambos desde roles diferentes pero con un mismo fin. Si tuviésemos que definir el termino "aprendizaje", podríamos suponer decenas de definiciones, y seguramente, todas serían correctas. Tomemos una definición amplia para entender y desarrollar mejor este concepto. Definiremos al aprendizaje como un "Cambio", donde antes de éste, carecíamos de ciertas herramientas para desarrollar una determinada tarea y posterior a este cambio podemos cumplimentar con éxito las tareas pendientes. Este cambio o aprendizaje se da a través de diferentes variables que pueden o no trabajar en conjunto, como ser:

- El estudio constante de una determinada temática.
- La practica continua de una maniobra en particular.
- La sumatoria de experiencias sobre un determinado tema.
- O bien, la combinación de algunas o todas estas variables.

Ahora bien, estas variables aplican para un alumno, pero ***como creen que un instructor se ve involucrado en este proceso?***

El instructor efectivo entiende la materia que se enseña, el estudiante, el proceso de aprendizaje y las interrelaciones que existen. Un instructor eficaz entiende que el aprendizaje es un procedimiento complejo y ayuda a cada alumno a alcanzar los resultados de aprendizaje, así como también lo ayuda a desarrollar la autoestima y la confianza, dos factores de EXTREMA importancia para el ciclo de aprendizaje.

Si bien el proceso de aprendizaje no sigue un patrón común en cada alumno, no al menos en al instrucción aérea, existen algunas grandes teorías al respecto. Las mas conocidas son la ***"Teoría del Cognitivismo"*** y la ***"Teoría del Constructivismo"***.

Quien logro el auge de la teoría del cognitivismo fue el científico y psicólogo suizo ***Jean Piaget***, quien dedico su vida al estudio del proceso de aprendizaje en niños. Su teoría cognitiva se centra en lo que está sucediendo dentro de la mente. Se ocupa más de la cognición (el proceso de pensar y aprender) -conocimiento, percepción, problema-resolución, toma de decisiones, conciencia y actividades intelectuales relacionadas, que con estímulo y respuesta. Aprender no es solo un cambio en el comportamiento; es un cambio en la forma en que un alumno piensa, entiende o siente. Las teorías basadas en la cognición están relacionadas con los eventos mentales del alumno.

Por otra parte, llegamos a la teoría del constructivismo, Una derivada de la teoría cognitiva, el constructivismo es una filosofía del aprendizaje que se remonta al siglo XVIII. Esta teoría sostiene que los estudiantes no adquieren conocimientos y habilidades de forma pasiva, sino que los construyen activamente en función de sus experiencias. Según el constructivismo, los humanos construimos una imagen mental única combinando información preexistente con la información recibida de los órganos de los sentidos.

En el pensamiento constructivista, a los estudiantes se les da más libertad para resolver problemas de forma efectiva, identificando y evaluando problemas, así como descifrando las formas en que pueden transferir su aprendizaje a estos problemas, todo lo cual fomenta las habilidades de pensamiento crítico. Mientras que el estudiante está en el centro del proceso de aprendizaje, es necesario un maestro experimentado para guiarlo a través de la jungla de la información. Las técnicas de constructivismo son buenas para algunos tipos de aprendizaje, algunas situaciones y algunos alumnos, pero no todos.

Otra de las grandes teorías, quizás menos populares pero de suma importancia en nuestro ámbito aeronáutico, fue la teoría del aprendizaje por asociaciones difundida por el filosofo y psicólogo ruso Iván Pavlov, quien demostró los resultados de un proceso de aprendizaje mediante un estimulo y una respuesta. Para ello, realizó un experimento con su perro, a quien hizo famoso como ***"El Perro de Pavlov".***

Pavlov dividió su experimento en cuatro etapas. Primero le mostró a su perro un plato de lleno de comida y el perro comenzó a salivar deseando poder alimentarse con ese plato. En su segunda etapa, Pavlov le quitó el plato de alimento al perro y solo se limitó a hacer sonar una campana, aquí el perro dejo de salivar ya que no había mas alimento en su plato y solo había un ruido molesto. Luego llego la tercera etapa, la prueba de su teoría, volvió a llenar el plato de comida de su perro e hizo sonar la campana, al fin el perro volvió a salivar mostrando su reacción ante la comida.

Pavlov repitió este tercer paso una y otra vez alimentando a su perro al mismo tiempo que lo aturdía con el sonido de su campana. Luego de repetidas ocasiones, Pavlov decidió pasar a la etapa cuatro, el desenlace de su experimento, quito el plato de comida de su perro pero hizo sonar la campana. Para su sorpresa, el perro comenzó a salivar, mostrando que asimilaba el sonido de la campana con el alimento y la posibilidad de comer!

Con su experimento, Pavlov demostró que el proceso de aprendizaje mediante un estimulo y una respuesta existe y es aplicable a casi todas las situaciones de un proceso de aprendizaje.

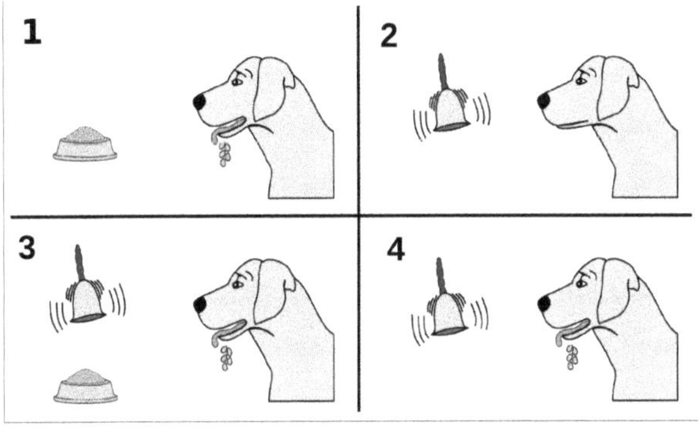

Ahora bien, volquemos este ejemplo de Pavlov a una situación común en nuestros alumnos pilotos. Imaginemos que el instructor decide enseñarle la maniobra de "Pérdida de Sustentación" a su alumno, para ello aumentará el ángulo de ataque a tal punto que la aeronave deje de sustentar y se active la alarma sonora de pérdida! Al mismo momento de oír la alarma, el instructor reduce el ángulo de ataque, bajando inmediatamente la nariz del avión (simulador). Luego de explicar lo sucedido al alumno, repite la maniobra una y otra vez hasta que el estudiante asimila la lección y se anima a realizarla por si mismo.

Al igual que el perro de Pavlov, el estudiante tendrá su estimulo sonoro y reaccionará instintivamente bajando la nariz del avión (simulador), de igual manera que el perro al salivar, mediante el proceso de aprendizaje por "Estimulo – Respuesta".

Factores Influyentes del Proceso

Volviendo al proceso de aprendizaje, durante éste, el alumno se ve expuesto a diferentes factores que pueden ayudar a que el proceso tenga éxito o bien pueden entorpecer al mismo. Algunos de estos factores son conscientes y otras inconscientes. Veamos los mas conocidos:

El Procesamiento de la información: La teoría del procesamiento de la información utiliza un sistema informático como modelo para el aprendizaje humano. El cerebro humano procesa la información entrante, la almacena, la recupera, y genera respuestas a la información. Esto implica una serie de procesos cognitivos: recopilar y representar información, retener información y recuperar la información cuando sea necesario. De la misma forma en la que una computadora recibe información de un teclado, mouse, etc., el cerebro humano recibe información de los sentidos de la vista, el oído, el tacto, el gusto y el olfato.

Una forma en que el cerebro trata con toda esta información es dejar que muchas de las cosas habituales y rutinarias pasen desapercibidas. Por ejemplo, un piloto que usa el timón al entrar en un giro generalmente no es consciente de presionar el pedal, aunque involucre mover una pierna, ejercer presión sobre el pedal, etc. El inconsciente humano se hace cargo, dejando los procesos de pensamiento consciente libres para tratar con problemas que no son habituales.

La Percepción: Inicialmente, todo aprendizaje proviene de las percepciones que se dirigen al cerebro por uno o más de los cinco sentidos: vista, oído, tacto, olfato y gusto. Los estudios psicológicos basados en el proceso educativo afirman que el aprendizaje ocurre más rápidamente cuando la información se recibe a través de más de un sentido. Es importante que el instructor dirija las percepciones del aprendiz inicialmente para que el alumno detecte y perciba la información relevante, y deje en segundo plano la información irrelevante, al menos por un determinado tiempo.

Profundizando un poco mas en este tema, el instructor debe considerar que este factor de Percepción puede verse afectado por diferentes variables en un estudiante, y aun mas, si el alumno es principiante. Los factores que pueden afectar a la percepción son:

- El propio organismo.
- Los valores y objetivos, tanto personales como profesionales.
- El nivel de autoestima.
- El nivel de experiencia.
- Las amenazas del entorno.

El factor mas común que suele afectar a las percepciones, es sin lugar a dudas, el propio organismo, quien puede limitar la capacidad de los sentidos para percibir estímulos y por consiguiente, la capacidad de percibir información. En nuestro ámbito aeronáutico se da con frecuencia un claro ejemplo cuando un estudiante presenta dificultades auditivas, lo cual lo podría llevar a malinterpretar el sonido del motor de su avión (simulador) al estar en potencia reducida, y creer erróneamente que el motor se ha detenido. O bien problemas en el sentido del olfato podría llevar a un estudiante a omitir el olor a quemado que podría generarse ante una determinada falla.

En una segunda instancia entran en juego los factores internos, los propios valores culturales y objetivos, los cuales facilitarían un mal entendimiento por parte del estudiante al percibir un estímulo.

En tercer lugar encontramos un factor de extrema peligrosidad, el nivel de autoestima. Un bajo nivel de autoestima en un alumno puede llevarlo a cometer errores, al ignorar sus capacidades de percepción dudando de sus conocimientos.

En una cuarta instancia, el nivel de experiencia, el cual parece ser un factor favorable para la percepción. Cuanto mayor es el nivel de experiencia de un alumno, mayor debería ser la capacidad de percibir la información que le brinda el instructor.

En una última instancia llega el manejo de las amenazas, la propia conducta ante un riesgo y la gestión del mismo. Este factor se ve, en gran medida, afectado por el nivel de experiencia. Como podemos observar, el factor PERCEPCIÓN es un elemento clave en el proceso de aprendizaje de un estudiante. Es la materia prima indispensable para lograr recibir la información, procesarla y guardarla para darle la utilidad en su debido momento.

La comprensión: implica la agrupación de percepciones en totalidades significativas. Lograr la comprensión de un alumno es una de las principales responsabilidades del instructor. Para garantizar que esto ocurra, es esencial mantener a cada alumno constantemente receptivo a las nuevas experiencias y ayudar al alumno a comprender cómo cada pieza se relaciona con todas las demás piezas del objetivo final que se debe aprender. Por ejemplo, durante el vuelo recto y nivelado en un avión (simulador) con una hélice de paso fijo, las RMP aumentan cuando se abre el acelerador y disminuyen cuando se cierra. Por otro lado, los cambios de RPM también pueden ser el resultado de cambios en la actitud del cabeceo del avión (simulador) sin cambios en la configuración de potencia. Obviamente, la velocidad del motor, la configuración de la potencia, la velocidad aerodinámica y la actitud de los aviones están relacionadas.

El verdadero aprendizaje requiere una comprensión de cómo cada factor puede afectar a todos los demás y, al mismo tiempo, el conocimiento de cómo un cambio en cualquiera de ellos puede afectar a todos los demás. Esta relación mental y la agrupación de las percepciones asociadas se denomina ***perspicacia***. A medida que las percepciones aumentan en número, el alumno desarrolla una compresión mayor. Como resultado, el aprendizaje se vuelve más significativo y más permanente. Veamos otro ejemplo para que quede aun mas claro.

Siguiendo en el vuelo recto y nivelado, el estudiante acciona el acelerador y aumenta las RPM, como resultante la velocidad va a aumentar y el avión (simulador) tendrá una tendencia de ascenso. En este escenario resultaría fácil explicarle al alumno que en la formula física de sustentación existe al variable $\mathbf{V^2}$ y que al modificar esta variable de velocidad, la sustentación lograría incrementarse. Al desarrollar esta explicación, el estudiante lograría COMPRENDER el resultado de estar ascendiendo luego de haber accionado el acelerador para aumentar las RPM.

Todo instructor, debe velar por la comprensión de sus estudiantes, en cada lección, en cada maniobra, en cada clase, ya que si el alumno no logra la comprensión, la percepción de toda la información que ha obtenido, no habrá servido de nada, o quizás, solo le ofrecerá un conocimiento temporal pero no definitivo de la maniobra. Aquí esta la diferencia entre un alumno que "Comprende" y un alumno que "Entiende", el entendimiento es un factor temporal, mientras que la comprensión es un factor permanente.

Estilos de Aprendizajes

En 1988, Richard Felder y Linda Silverman diseñaron un modelo de estilo de aprendizaje que clasifica a los estudiantes según sus preferencia propias al momento de enfrentarse a una enseñanza:

Aprendizaje Activo: tiende a retener y comprender la información aplicándola en alguna acción especifica que le sirva de ejemplo.

Aprendizaje Reflexivo: prefiere pensar la información recibida paso a paso antes de la comprensión final.

Aprendizaje Intuitivo: busca descubrir diferentes posibilidades y la relación entre ellas para obtener la comprensión.

Aprendizaje Visual: este es un estilo muy frecuente en la instrucción aérea. Aquí se prioriza la recepción visual de la enseñanza que el instructor le ofrece al mostrarle como realizar una maniobra.

Aprendizaje Verbal: opuesta a la anterior, confía mas en las palabras, habladas o escritas. Encuentra comodidad en las definiciones y explicaciones detalladas que pueda darle el instructor, mas que en las demostraciones propias de cada maniobra.

Aprendizaje Secuencial: otro estilo muy común en la instrucción aérea. El aprendizaje secuencial busca el famoso "Paso a Paso" para lograr incorporar contenidos uno por uno. Al final, buscará la relación entre todos los pasos para lograr la comprensión.

Aprendizaje Global: por ultimo este estilo de aprendizaje suele ser una amenaza para la instrucción aérea en alumnos iniciales o principiantes. El estilo de aprendizaje global busca aprender a "grandes pasos" o de manera apresurada. Puede tener resultados en ciertas personalidades de alumnos, pero usualmente en los estudiantes principiantes suele llevarlos a un nivel que no esta acorde a sus capacidades, seguido a ello llega la frustración y decepción del alumno por no haber podido aprender.

El éxito de un instructor se basa en comprender estos estilos y poder descubrir cual de ellos posee cada uno de sus alumnos. Adoptar un estilo de enseñanza a un alumno que posee un estilo de aprendizaje distinto al que creemos que posee, daría como resultado el fracaso en su instrucción de vuelo ya que no lograría comprender las lecciones, pero quizás SÍ entender cada explicación. Para que quede mas claro y recordemos la importancia de este tema, veamos un ejemplo:

Estamos a mitad de un curso de Piloto Privado de Avión, el alumno ha volado con varios instructores; con algunos ha aprendido mas que con otros, y ahora es tu turno de seguir instruyéndolo para que avance en su curso. Según la información brindada por otros instructores, este alumno parece tener un claro estilo visual de aprendizaje, por lo cual, iniciamos el vuelo demostrando cada maniobra antes de solicitarle que las desarrolle por si mismo. Al final del vuelo el alumno menciona que ha entendido las maniobras, *pero ha logrado comprenderlas?*.

Al vuelo siguiente, decides repasar las maniobras para evacuar dudas y luego de varios intentos vemos que no logra desarrollarlas, cometiendo errores constantemente, al preguntarle si aun tiene alguna duda, el estudiante responde que no, que entiende como se hace pero que no sabe el *"Por Que"!*.

Aquí ha quedado en evidencia que su estilo de aprendizaje no es un estilo visual sino podría ser un estilo verbal, donde necesita recibir la información detallada previo a la ejecución de la maniobra, ir paso a paso en el concepto teórico para luego encontrarle sentido a lo practico.

El vuelo anterior de tu alumno no ha servido de nada, ya que será necesario volver a desarrollar las maniobras y no podrá avanzar hasta tanto no logre la comprensión necesaria. Un error en el estilo de aprendizaje, condiciona al instructor y puede llevarlo a adoptar un estilo de enseñanza equivocado llegando al fracaso de su instrucción.

El Desarrollo de las Habilidades

De la mano del procedo de aprendizaje llega el desarrollo de las habilidades basadas en la comprensión de los temas aprendidos. Se basa en tres etapas características: cognitiva, asociativa y automaticidad. Un instructor debe aprender a reconocer cada etapa en el rendimiento del estudiante para poder evaluar su progreso durante el programa de instrucción. Veamos sus etapas:

Etapa Cognitiva: El aprendizaje cognitivo tiene una base en el conocimiento teórico. Como el alumno no tiene conocimientos previos de vuelo, el instructor primero lo introduce a una destreza básica. El alumno luego memoriza los pasos necesarios para realizar la habilidad.

Esta etapa generalmente requiere toda la atención del estudiante; las distracciones introducidas por un instructor a menudo hacen que el rendimiento se deteriore o pare. La mejor manera de preparar al alumno para realizar una tarea es proporcionar un ejemplo claro y paso a paso. Tener un modelo a seguir (el instructor), permite a los estudiantes tener una idea clara de cada paso en la secuencia para que entiendan qué se requiere y cómo hacerlo. En el vuelo, el instructor proporciona la demostración, enfatizando los pasos y técnicas. En todos los casos, los estudiantes deben tener una clara impresión de lo que deben hacer.

Etapa Asociativa: Aunque la demostración de cómo realizar una maniobra sea excelente, no da como resultado que el alumno adquiera la habilidad y logre realizar la maniobra de manera correcta. Es aquí donde entra en juego uno de los factores MAS IMPORTANTES en el proceso de aprendizaje, "La Práctica". La práctica es necesaria para que el alumno aprenda a coordinar los músculos con sentidos visuales y táctiles. Aprender a realizar diversas maniobras de vuelo requiere práctica. En la instrucción aérea, sea cual sea su nivel, el factor práctica lo es todo! La practica constante logra grandes avances en un programa de instrucción, por ejemplo que el alumno ya no realice una serie de pasos memorizados, sino que puede evaluar paso a paso la maniobra, razonando y recordando la experiencia vivida en la misma maniobra prácticas anteriores. En esta etapa, la habilidad todavía requiere una atención, pero el alumno puede manejar mejor las distracciones.

Etapa de Automaticidad: La automaticidad es uno de los resultados de la práctica. A medida que los procedimientos se vuelven automáticos, se requiere menos atención para llevarlos a cabo, por lo que es posible hacer otras cosas simultáneamente, o al menos hacer otras cosas más cómodamente. En esta etapa, el rendimiento del alumno es rápido y sin problemas.

El estudiante dedica mucha menos atención para el desarrollo de la maniobra, y puede ser capaz de mantener una conversación o realizar otras tareas mientras se realiza la maniobra. La cantidad de correcciones disminuyen al punto de ser escasas o nulas, y si existen suelen ser muy pequeñas. En esta instancia es posible que el alumno ya no sea capaz de recordar los pasos individuales del procedimiento o explicar cómo realizar la maniobra, ya que simplemente logra hacerla como un "acto reflejo". Aquí el aprendizaje esta completo. Durante el vuelo, el instructor le pregunta al alumno sobre un tema no relacionado y este es capaz de responder mientras continua con su vuelo realizando las acciones necesarias hasta finalizar la maniobra. Esta ultima etapa del desarrollo de las habilidades es el punto final de tu estudiante y el éxito de tu trabajo como instructor. El alumno ha logrado aprender permanentemente el contenido que le has transmitido. Por otra parte, como instructor has logrado cumplir con éxito tu misión, educar.

La Práctica y su Importancia

Como hemos mencionado con anterioridad, la práctica lo es todo en esta clase de formación académica. Una vez que un alumno adquiere la habilidad, es importante continuar practicando para mejorar su rendimiento y perfeccionar cada técnica. En las últimas décadas, la investigación ha demostrado que la forma en que se estructura la práctica tiene un impacto importante en cómo las personas conservan lo que han aprendido. Este principio se ve claramente en los deportistas de elite o de alto rendimiento, quienes a pesar de que dominan perfectamente sus técnicas, mantienen una práctica constante para lograr mantenerse en el máximo rendimiento profesional. En aviación sucede lo mismo.

Para ello, podemos encontrarnos con tres tipos de práctica, donde cada una de ellas produce resultados particulares en el desarrollo de habilidades, estas son: especifica, bloqueada y aleatoria. Veamos cada una en detalle:

La Práctica Especifica: Esta práctica está dirigida a un objetivo particular. Durante la práctica especifica, el alumno practica temas puntuales a mejorar y recibe comentarios específicos después de la práctica. Los comentarios del instructor cumplen un rol fundamental, ya que las discrepancias entre lo que el instructor indica y lo que el alumno considera correcto, son los puntos que se deben mejorar mediante esta practica.

Práctica bloqueada: Consiste en practicar el mismo ejercicio o maniobra hasta que el movimiento se vuelva automático. Hacer la misma tarea una y otra vez conduce a un mejor rendimiento a corto plazo, pero un aprendizaje a largo plazo más pobre. Tiende a engañar no solo al alumno sino al instructor para que piense que las habilidades han sido bien aprendidas. Si bien la práctica bloqueada mejora el rendimiento actual, no mejora ni el aprendizaje conceptual ni la recuperación de la memoria a largo plazo.

La práctica aleatoria: Mezcla las habilidades que se adquirirán durante la sesión de práctica. Este tipo de práctica conduce a una mejor retención ya que al realizar una serie de habilidades separadas en un orden aleatorio, el alumno comienza a reconocer las similitudes y diferencias de cada habilidad, lo que la hace más significativa. Si bien existen diversas formas en las que un instructor puede estructurar la práctica, una muy efectiva para aprovechar al máximo el aprendizaje es exponer al alumno al mismo conocimiento y habilidad en diferentes contextos. Por ejemplo, después de practicar el aterrizaje con viento cruzado, regrese al aula de clases y demostré el mismo procedimiento usando el avión de juguete. Luego, mirar algunos videos de aterrizajes con mucho y/o poco viento cruzado y solicitar al alumno que detalle que cree que salió bien o mal en esos vuelos. Cada uno de estos métodos de aprendizaje le da al estudiante la oportunidad practique la maniobra mientras agrega nuevas percepciones y puntos de vista a su base de habilidades.

Evaluación, Críticas y Sugerencias

Luego de toda practica, cada alumno espera una devolución de su instructor, sea consciente o no de ello. Tal como lo describe en su modelo de pirámide, el psicólogo Abraham Maslow menciona las necesidades básicas de una persona en su camino de crecimiento emocional, entre ellas existe una muy particular y vinculada directamente con el trabajo de un instructor, la necesidad de reconocimiento que puede presentar su estudiante.

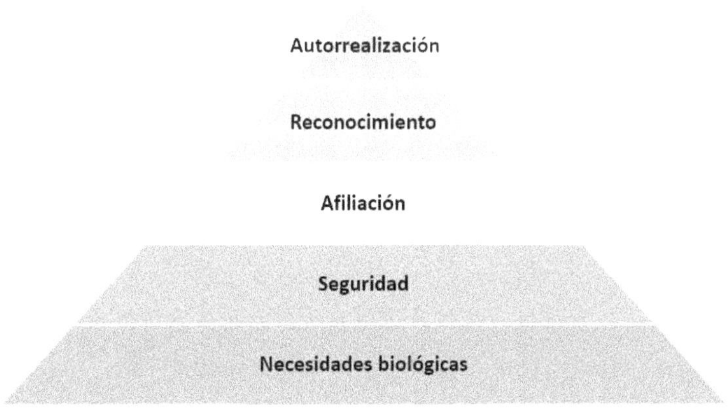

Si bien la necesidad de reconocimiento, es una de las últimas de la pirámide de necesidades, no por tal motivo es menos importante. Esta necesidad de reconocimiento debe ser lentamente otorgada por el instructor, un exceso temprano del reconocimiento de su alumno podría llevarlo a poseer un exceso de confianza, perjudicando su criterio operativo de vuelo. Por otra parte un inexistente reconocimiento por parte del instructor, afectaría el autoestima de su estudiante a tal punto de generarle inseguridades en la operación.

En las etapas iniciales de adquisición de habilidades, las sugerencias prácticas son más valiosas para el alumno que una calificación. Las críticas constructivas y sugerencias "amables" suelen ser la forma correcta de calificar y/o corregir a un estudiante inicial. El estudiante se beneficia haciendo que alguien mire el desempeño y brinde críticas constructivas para ayudar a eliminar los errores. El instructor debe mantener siempre presente que la motivación de su alumno es un factor muy importante en su carrera, y una mala critica o una correcta critica pero en el tono equivocado puede mal interpretarse por el alumno y esto puede afectar su motivación. Debemos imaginar a la motivación de un alumno inicial como una delicada copa de cristal a la que hay que limpiar suavemente ya que si se quiebra su cristal, seria muy difícil volver a recuperar su estado original.

En las etapas medias y/o avanzadas de un alumno, el instructor podrá ir cambiando el tono de su comunicación gradualmente a medida que su estudiante avance. En esta instancia, la personalidad del estudiante ha pasado por varias experiencias aeronáuticas que lo han formado y han desarrollado su propio criterio, dándole la posibilidad de discernir con su instructor, e incluso, corregirlo. Aquí toma fuerza el concepto de la evaluación real y sincera, ya que muy difícilmente se vea afectada la motivación del estudiante.

Para entender mejor este tan importante concepto, veamos un ejemplo claro:

El instructor llega a la academia de vuelo y se encuentra con dos de sus alumnos, el primero es un joven que ha iniciado su el curso de piloto privado de avión hace apenas 2 vuelos, por otra parte, el segundo alumno es un piloto con basta experiencia y esta en la academia para instruirse y poder obtener su licencia de piloto comercial de avión. Evidentemente aquí el instructor se enfrentará a dos personalidades completamente diferentes. Por un lado el estudiante novato a quien debe corregirle sus errores con sugerencias amables para mostrarle el camino correcto a seguir, y por otro lado, deberá lidiar con un piloto con experiencia a quien debe evaluar rigurosamente para obtener su máximo rendimiento.

Una corrección al estudiante con en el tono verbal equivocado, bastaría para mal interpretarse y generar un clima de descontento en la cabina, seguido a ello, la perdida gradual de la motivación del alumno. En cambio, con el piloto avanzado, una evaluación seria y en un tono exigente, daría como resultado que el piloto en cuestión se esfuerce aun mas para lograr las metas del instructor y conseguir su objetivo académico.

Como podemos ver, el tema "Motivación" es un punto relevante en la instrucción aérea, detallemos mas este concepto!

Motivación

Podemos definir a la motivación como la razón por la cual uno actúa o se comporta de cierta manera y se encuentra en el corazón de las metas. La motivación incita a los estudiantes a participar en el trabajo duro y afecta el éxito de los alumnos. Ser inteligente o coordinado pocas veces garantiza el éxito, pero la motivación impulsa rutinariamente a los estudiantes a la cima. Una parte importante del trabajo de un instructor es descubrir qué motiva a cada alumno y utilizar esta información para alentarlo a trabajar duro. Su motivación puede

estar en cualquier sitio, el afán de volar, el vértigo de un aterrizaje, el reconocimiento de sus pares o de su familia, entre cualquier otro factor posible.

La motivación puede presentarse de forma positiva o de forma negativa, ambas con fortalezas y debilidades. Por ejemplo, una motivación negativa trae consigo al miedo, lo que podría hacer que el estudiante sea mas cauteloso, o por el contrario peligrosamente introvertido. Por otra parte una motivación positiva trae consigo el reconocimiento de un grupo, el sentido de pertenecer a algo especial, la recompensa de saciar la necesidad de reconocimiento, tal como vimos en páginas anteriores sobre la pirámide de Maslow.

Ahora bien, mas allá del concepto teórico descripto, ***como puede un instructor descubrir la motivación de cada uno de sus alumnos?.***

La respuesta es simple, bastará con mantener un dialogo con el estudiante para descubrir que es lo que lo emociona, que lo entusiasma, que lo motiva.

Pero de hecho, esta no es la pregunta que debemos hacernos, ya que la respuesta llegará por si sola. La gran incógnita a develar es:

Como un instructor debe aprovechar la motivación de un alumno para su beneficio profesional?.

Esta pregunta resulta mas interesante, ya que posee cientos y cientos de respuestas correctas, pero también posee una respuesta universal. Si la motivación de cada alumno logra llevarlo a su máximo rendimiento, el instructor debe mantener esa motivación durante todo el tiempo, generando el clima necesario para que cada alumno tenga siempre presente su motivación y se apegue a ella.

Existen diversas formas de mantener la motivación en su justa medida, veamos las mas populares y recordemos que recompensar el éxito, es la clave. La retroalimentación positiva alienta a los estudiantes. Practiquemos la retroalimentación positiva con frecuencia mediante las siguientes técnicas:

- Elogiar las habilidades obtenidas durante el entrenamiento.
- Relacionar sus logros parciales con su objetivo final.
- Comentar favorablemente sobre el progreso del estudiante y la capacidad personal para asimilar nuevos contenidos.

Por ejemplo, a medida que el estudiante progresa en su entrenamiento, comentar sus logros servirá de sostén para su motivación. Cuando un alumno realiza por primera vez una maniobra solo, felicitarlo por haberlo aprendido es una forma de alimentar esa necesidad básica de reconocimiento, por consiguiente alimentaremos su motivación.

Todas estas teorías de motivación parecen funcionar en un alumno principiante, a quien el reconocimiento de sus pares, lo reconforta y estimula.

Pero que sucede con un piloto avanzado?

Aquí el canal de motivación es completamente distinto, si bien aun lo reconforta el reconocimiento del instructor, ya que la necesidad básica de "reconocimiento" aun existe, este no lo motiva debido ha que ya ha pasado por esa instancia en numerosas ocasiones y se ha convertido en un habito. Este escenario parece ser mas complejo para el instructor, pero en realidad es mucho mas simple y la respuesta a la pregunta es una sola palabra, *"DESAFÍO"!* A medida que el piloto va profesionalizando su carrera, va cumpliendo con determinadas metas u objetivos propuestos. Pero no todo termina allí, al alcanzar un objetivo, inmediatamente después llega la pregunta:

Y ahora que?.

Es aquí donde entra en juego el rol del instructor motivador. En esta instancia es de suma importancia que el piloto obtenga un nuevo reto, un nuevo desafío, un nuevo objetivo que lo motive a esforzarse y vencer la lucha entre la ignorancia y el saber. Mantener la motivación en un alumno o piloto avanzado resulta mas simple que en un estudiante novato, ya que bastará con sumarle un nuevo reto a su aventura para que tenga una nueva motivación, en cambio al estudiante inicial, plantearle este escenario de presentarle un nuevo reto, podría desmotivarlo por medio de la frustración de no ser capaz de lograrlo.

Resumiendo el tema, el instructor debe tener siempre presente que la motivación es una herramienta de *"doble filo"*. Utilizada en su justa medida y en el momento oportuno puede ser de gran ayuda para sus alumnos, pero por el contrario, utilizada a destiempo y de manera incorrecta, puede resultar perjudicial para el progreso de sus estudiantes.

Hasta aquí presentamos las diferentes formas de generar y mantener la motivación, pero es natural que cada persona presente momentos de pérdida de la motivación o disminución de la misma, a pesar de todos los esfuerzos que pueda hacer el instructor para evitarlo. Los instructores deben estar preparados para lidiar con una serie de circunstancias en las cuales los niveles de motivación disminuyen.

Es natural que la motivación disminuya un poco después de la emoción inicial de los primeros días de entrenamiento del estudiante, o entre los principales eventos de capacitación como primeros vuelos solos, evaluaciones o exámenes prácticos.

Los estudiantes pueden venir a clases sin preparación o dar la sensación general de que su instrucción aérea ya no es una prioridad, signo claro de pérdida de motivación. Durante estos momentos, suele ser útil recordarles a los estudiantes sus propias metas establecidas en la profesión.

Las "mesetas del aprendizaje" son una fuente común de frustración, desaliento y disminución de la motivación de los alumnos. La técnica mas adecuada ante esta situación es explicar que el aprendizaje no avanza a un ritmo constante, sino que es un proceso que puede presentar diferentes niveles de intensidad.

La Memoria

Volvamos al proceso de aprendizaje y conozcamos mas en detalles otro de sus factores indispensable, la memoria. En lo relativo al aprendizaje, podemos definir a la memoria como el vínculo entre la información de aprendizaje, la retención del estudiante y el proceso cognitivo de aplicar lo que se aprende.

Es la capacidad de las personas y otros organismos para codificar (percepción inicial y registro de información), almacenar (retención de información codificada a través del tiempo) y recuperar (procesos involucrados en el uso de información almacenada) información. Cuando una persona recuerda exitosamente una experiencia pasada (o habilidad), la información sobre la experiencia ha sido codificada, almacenada y recuperada, no olvidemos estas tres instancias: ***CODIFICAR – ALMACENAR - RECUPERAR***.

Aunque no existe un acuerdo universal sobre cómo funciona la memoria, un modelo ampliamente aceptado tiene tres componentes: Memoria sensorial, quien recibe los estímulos o información por medio de los sentidos. Memoria a corto plazo, donde la información recibida permanece durante 30 segundos para ser analizada y en caso de ser relevante, pasará a ser almacenada. En caso contrario será desechada. Y por último la memoria a largo plazo, compuesta por toda la información que fue previamente almacenada en la memoria de corto plazo. Esta información puede permanecer toda la vida y por un tiempo determinado.

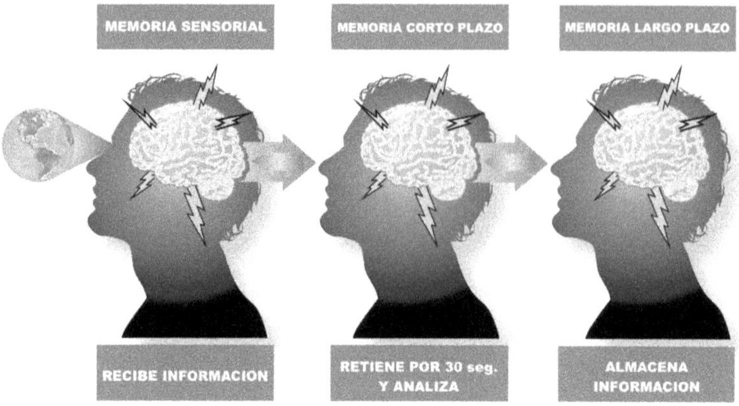

Ahora bien, dejando de lado los conceptos teóricos sobre la memoria, veamos cual es su relevancia en la instrucción aérea. Todos nuestros estudiantes trabajan, de manera inconsciente, con las tres etapas de la memoria.

El trabajo del instructor aquí suele ser una tarea difícil, ya que involucra un cambio en las creencias de sus estudiantes. La clave de las tres etapas de la memoria esta en la memoria de corto plazo, donde por un instante, cada persona debe decidir si almacenará la información recibida o la descartará. Formar un criterio aeronáutico lógico para tomar esta decisión, es la difícil tarea de un educador.

Los humanos por si solos son capaces de asimilar información y descartarla según sus creencias o valores. En el ámbito aeronáutico sucede lo mismo, pero es el instructor quien debe indicarle al alumno que debe almacenar en la memoria de largo plazo y que puede descartar, ya que un estudiante no tendrá las herramientas ni la experiencia profesional necesaria para decidir que información necesita almacenar y cual no. Una tarea difícil en alumnos principiantes, pero una tarea un poco mas simple en alumnos o pilotos avanzados, donde ya existe un criterio aeronáutico formado en función a toda la información almacenada en la memoria de largo plazo.

Ante este escenario es habitual ver que los pilotos o alumnos avanzados hayan guardado información incorrecta en su memoria de largo plazo. Esto queda en evidencia cuando vemos una maniobra básica desarrollada de manera incorrecta, una y otra vez, por un piloto avanzado. Evidentemente, ha guardado la información incorrecta de cómo realizar la maniobra, ya que su error no ha sido una cuestión aislada, sino que se ha repetido en varias ocasiones. En este caso en particular, el instructor puede modificar esa memoria de largo plazo, pasando por el proceso de las tres etapas nuevamente, hasta llegar a reemplazar la información errónea, pero no tendrá el mismo éxito si solo se limita a decirle brevemente que esa información es incorrecta y que necesita cambiarla. Veamos un ejemplo:

Un piloto avanzado llega a la academia de vuelo con el fin de perfeccionar su técnica de vuelo en condiciones IFR. Sale a volar con el instructor y éste nota que el piloto lleva una inclinación constante de 2° hacia un lado, le menciona la situación para que corrija tal desviación, el piloto toma las acciones correctivas pero al cabo de unos instantes, el error vuelve a suceder. Este escenario se repite una y otra vez, dejando en evidencia que el piloto tiene un concepto erróneo de cómo mantener el vuelo recto y nivelado en condiciones IFR. Para solucionar esta situación, el instructor deberá detener la lección y cambiar los planes. Aquí lo correcto será volver a explicar los principios básicos de vuelo sin visibilidad, operando en condiciones IFR. Seguramente se haga algo extensa la lección, pero es necesario repasar la información desde el inicio para que el piloto tenga la oportunidad de volver a evaluar la información recibida y volver a decidir que información almacenar y cual no. Aquí el instructor deberá cerciorarse de que esta vez el piloto almacene la información correcta en su memoria de largo plazo.

Conceptos Técnicos

Técnicas de instrucción

Técnicas de Instrucción Aérea

Si bien cada educador o instructor posee su propia técnica de enseñanza para cada maniobra, materia teórica o procedimiento práctico, existen algunas de interés y uso común que aplican a la mayoría de los escenarios posibles. Las técnicas de instrucción estandarizadas se basan en los resultados obtenidos con el correr de los años de experiencia de los educadores, quienes a cada técnica, van agregándole o modificando su contenido con el fin de perfeccionarla y mantenerlas actualizadas. Algunas de las técnicas o métodos mas comunes que podemos encontrar son los siguientes:

- Técnica de demostración y rendimiento.
- Técnica de explicación y rendimiento.
- Técnica de intercambio de controles.
- Técnicas de cabina estéril y distracciones.
- Briefings y Debriefings.

Demostración y Rendimiento: esta técnica responde a la mayoría de los procedimientos aplicables a la carrera aeronáutica. Se basa en un simple concepto donde el instructor demuestra la maniobra que debe realizar el alumno, realizándola el mismo junto con su correspondiente explicación a medida de que la maniobra avanza. Esta técnica es un excelente recurso para los alumnos iniciales donde el instructor puede demostrar la maniobra de forma lenta, prolija y detallada, para posteriormente solicitarle al alumno que "copie" exactamente lo que él ha realizado.

Esta técnica básica también es un buen recurso ante situaciones de incomprensión por parte de un alumno y ante una determinada maniobra compleja, donde la explicación no

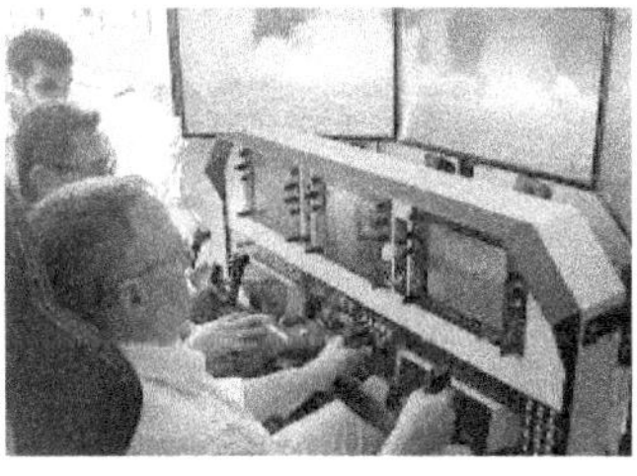

resulta suficiente para el piloto y necesita ver el desarrollo del procedimiento para lograr entenderlo mejor.

Explicación y Rendimiento: a diferencia de la anterior, esta técnica se limita a dar una explicación teórica sobre el procedimiento a realizar para luego solicitarle al alumno su desarrollo. Esta técnica se asocia principalmente a los alumnos avanzados a quienes la técnica anterior podría resultarles aburrida, poco desafiante e incluso insuficiente.

La técnica de explicación y rendimiento es un excelente recurso para que el instructor tenga la información necesaria y pueda evidenciar las fortalezas y debilidades de su alumno, librando su accionar por completo y ofreciéndole únicamente la explicación teórica del procedimiento. En función a la forma en la que el alumno desarrolle el procedimiento, el instructor podrá tomar acciones futuras para mitigar el error o bien para reforzar contenidos erróneos.

Intercambio de Controles: se trata de una técnica muy particular y no aplicable a todos los alumnos. Esta técnica se basa en el concepto de que el alumno puede aprender observando las acciones de su instructor pero, a diferencia de la técnica de demostración y rendimiento, aquí no habrá una explicación a medida que el instructor lleva a cabo la maniobra.

El concepto de intercambio de controles se trata de que el instructor tome el control del vuelo ante una determinada situación, y lleve a cabo el procedimiento según su criterio operativo, pero solicitándole asistencia a su alumno para que aporte sus conocimientos durante el vuelo. De aquí parte el concepto de "Pilot Flying y Pilot Monitoring". Un ejemplo característico de esta técnica son los aterrizajes complejos con un intenso viento cruzado, donde el alumno se siente desbordado por la situación y el instructor toma el control del vuelo pero solicitándole la cooperación a su alumno, quien además de seguir las indicaciones de su instructor, va evidenciando las acciones que éste va tomando y guarda esa información para eventos futuros.

Cabina Estéril y Distracciones: esta técnica es conocida como "el vuelo silencioso". Se trata de ofrecer una explicación teórica al alumno previo a iniciar el vuelo y durante el mismo solicitarle que desarrolle las maniobras explicadas en tierra pero dejando correr el silencio en la cabina del avión o simulador, sin correcciones ni comentarios sobre el procedimiento, simplemente dejando que el alumno haga lo que crea correcto. A medida que el alumno va dominando la maniobra, entran en juego las distracciones voluntarias por parte del instructor, quien rompe el silencio e inicia comentarios ajenos al vuelo, haciéndole preguntas al alumno sobre cualquier otro tema excepto cuestiones relacionadas con el vuelo. Estas distracciones buscan que el piloto sea capaz de dominar la atención distributiva durante el vuelo, desarrollando la maniobra solicitada y al mismo tiempo dando una respuesta coherente a la pregunta.

Estas prácticas están asociadas a los estudiantes iniciales que están a pocas lecciones de realizar su primer vuelo solo. Aquí el instructor necesita evidencia que el alumno, no solo es capaz de llevar adelante el vuelo sin ningún tipo de corrección o instrucción sino que además, es capaz de prestar atención a cuestiones ajenas al vuelo pero sin descuidar los detalles del mismo.

En alumnos mas avanzados, aspirantes a la licencia de PCA, esta técnica de cabina estéril y distracciones es de suma utilidad al momento de llevar a cabo procedimientos IFR donde el piloto tiene la necesidad de interpretar la cartografía, atender las comunicaciones con el control y llevar adelante un exitoso vuelo manual. Ante estas cuestiones combinadas, la practica de la atención distributiva será una de las principales herramientas que el aspirante a PCA debe poseer.

Aquí el instructor debe tener en cuenta que estas técnicas requieren una gran carga de trabajo y suelen estar asociadas a altos niveles de estrés, por lo que debería seguir de cerca el rendimiento del alumno y no permitir que éste sobrepase su propio limite de tolerancia a la presión del vuelo.

Briefing y Debriefing: definiendo estos dos conceptos, podemos asumir que el briefing se trata de una reunión previa al vuelo, donde el instructor detalla todas las maniobras a realizar, explica los pormenores posibles, analiza el entorno, planifica objetivos de la lección y evacua cualquier tipo de duda o consulta que el alumno pueda tener. Por otro lado, el debriefing se trata de una reunión posterior al vuelo donde el instructor evidencia todo lo sucedido durante la lección, marca los aciertos y errores del alumno, evacua dudas conceptuales y operativas, corrige conceptos erróneos y plantea objetivos para la los vuelos siguientes. Veamos un ejemplo de estas técnicas:

Imaginemos que el PPA llega a la academia para realizar su vuelo de instrucción PCA ya que se encuentra próximo a rendir su examen ante la autoridad aeronáutica. El instructor le da la bienvenida y lo cita a la reunión pre vuelo o Briefing! Allí debaten sobre las maniobras IFR a realizar, analizan la cartografía correspondiente, evacuan dudas sobre su simbología y restricciones, especifican cada paso a realizar, evacuan dudas sobre todo el procedimiento IFR y planifican los objetivos de la lección. Luego de ello, ambos pilotos están listos para realizar el vuelo y ambos tienen conocimiento de lo que va a suceder, o al menos de lo que ambos intentarán realizar. Abandonan la oficina de reunión y se dirigen al simulador para iniciar la actividad de vuelo.

La lección de vuelo se desarrolla con normalidad y luego de 60 minutos de vuelo, aterrizan y el instructor le sugiere volver a la sala de reuniones para realizar una detallada charla de lo sucedido o debriefing!. Al llegar a la sala, el instructor le menciona los puntos donde puedo haber sucedido el error, evidencia las fallas del procedimiento y la falta de correcciones de las mismas, pero también le muestra a su alumno como solucionar estos errores en sus próximos vuelos. Luego de que el alumno ha entendido sus errores y ha comprendido como solucionarlos, el instructor le menciona sus aciertos, con el fin de que el alumno sea consiente de ello y maximice sus capacidades. Al final del debriefing, el instructor plantea los objetivos para la próxima lección, evacua cualquier otra duda que el piloto pueda tener y da por finalizado el debriefing!

Esta técnica de Briefing y Debriefing resulta de suma importancia para el proceso de aprendizaje del piloto ya que lo nutre de información concreta de lo que va a suceder y al finalizar el vuelo puede llevarse algo mas que la experiencia de haber volado, se llevará consigo todos los objetivos planificados para las próximas lecciones de vuelo.

Es sumamente recomendable que el instructor utilice esta técnica de Briefing y Debriefing en alumnos de todos los niveles, desde el APPA en su primer vuelo hasta el PCA en su ultimo vuelo de instrucción. Adecuando el nivel de esta técnica en función al alumno, el instructor tendrá una herramienta que le permitirá aprovecha al máximo el tiempo en vuelo sin detenerse a explicar conceptos que deberían ser explicados con el avión o simulador detenido.

Ahora bien, luego de comprender cada una de estas técnicas, surge la pregunta:

¿Como decidir que técnica es la correcta para el alumno?

Independientemente del perfil psicológico de nuestro alumno, el cual podría orientarnos a tomar una decisión, la realidad marca que la elección correcta es a base de "prueba y error". Cada estudiante es único e irrepetible, y cada uno de ellos aprende de forma diferente, respondiendo a cada técnica de forma diferente, independientemente del perfil de comportamiento que pueda presentar. Considerando esta premisa, existen cierta reacciones o actitudes por parte del alumno ante cada técnica, y en función a ellas es que el instructor podría optar por cambiar o continuar con la misma.

Anti-autoridad: "No me digas". Esta actitud se encuentra en personas a las que no les gusta que nadie les diga qué hacer. En cierto sentido, sienten la expresión: "Nadie me puede decir qué hacer". Pueden resentirse de que alguien les diga qué hacer, o pueden considerar las reglas, regulaciones y procedimientos como tontos o innecesarios. Sin embargo, siempre es una prerrogativa del piloto cuestionar la autoridad si parece haber un error.

Impulsividad: "Hazlo rápido". Esta es la actitud de las personas que con frecuencia sienten la necesidad de hacer algo, cualquier cosa, de inmediato. No se detienen a pensar en lo que están a punto de hacer; no seleccionan la mejor alternativa, y hacen lo primero que se les viene a la mente.

Invulnerabilidad: "No me va a pasar a mí". Muchas personas creen que los accidentes les suceden a otros, pero nunca a ellos. Saben que pueden ocurrir accidentes y saben que cualquiera puede verse afectado. Realmente nunca sienten o creen que estarán involucrados personalmente. Los pilotos que piensan de esta manera son más propensos a correr riesgos y aumentar el riesgo.

Macho Pilot: "Yo puedo". Los pilotos que siempre intentan demostrar que son mejores que los demás están pensando: "Puedo hacerlo, se los mostraré". Los pilotos con este tipo de actitud intentarán demostrar su valía arriesgándose para impresionar a los demás.

Renuncia: Los pilotos que piensan: "¿De qué sirve?" no se ven a sí mismos como capaces de hacer una gran diferencia en lo que les sucede. Cuando las cosas van bien, el piloto tiende a pensar que es buena suerte. Cuando las cosas van mal, el piloto puede sentir que "alguien está tratando de atraparme" o atribuirlo a la mala suerte. El piloto dejará la acción a otros, para bien o para mal. Algunas veces, tales pilotos aceptarán solicitudes irrazonables solo para ser un "buen tipo".

Responsabilidades del Instructor

Hasta este punto hemos aprendido varios conceptos teóricos y prácticos sobre la enseñanza y el aprendizaje de las personas y hemos mencionado en varias ocasiones al instructor como "líder de opinión" o modelo a seguir por parte de sus alumnos. Este titulo le da al instructor un lugar privilegiado al momento de dictar sus lecciones pero trae consigo un grado de responsabilidad superior al de un piloto tradicional. Conozcamos las mas relevantes:

- Ayudar al aprendizaje del alumno.
- Brindar la instrucción correcta.
- Estandarizar la instrucción.
- Enfatizar lo positivo y minimizar las frustraciones.
- Operación segura por parte del alumno.
- Desenvolvimiento profesional en su accionar.

Ayudar al aprendizaje del alumno

El aprendizaje debe ser una experiencia agradable. Al hacer que cada lección sea una experiencia placentera para el estudiante, el instructor puede mantener un alto nivel de motivación del estudiante. Esto no significa que el instructor haga las cosas fáciles para el alumno o sacrifique los estándares de rendimiento para complacer al alumno. El estudiante experimenta la satisfacción de hacer un buen trabajo o de cumplir con éxito el desafío de una tarea difícil. El instructor tiene la obligación de generar un clima emocional agradable entre el y su alumno con el objeto de que ambos disfruten de la lección de vuelo y ésta se lo mas productiva posible.

Es muy importante que el instructor recuerde que los alumnos pueden haber tenido un día complicado previo a su vuelo y que todas las situaciones desafortunadas que le haya tocado vivir, las plasmará en sus capacidades de aprendizaje durante esa lección. Tal como lo hemos mencionado en el prólogo de este manual, el instructor es mas que ese titulo, es un psicólogo, amigo, compañero de vuelo, entre otros títulos mas de apoyo emocional. Por tal motivo se debe la obligación de prestar su oído a su alumno, aunque esto a veces implique tocar temas ajenos a la instrucción aérea, pero teniendo la certeza de que en algún punto de la lecciones, las situación emocional de su alumno se verá involucrada en su desempeño como piloto.

Ofrecer una adecuada instrucción

Para adaptar su técnica de enseñanza al alumno, el instructor analiza la personalidad, el pensamiento y la capacidad del alumno. No hay dos estudiantes iguales, y un método particular de instrucción no puede ser igualmente efectivo para todos los estudiantes. Un instructor debe tener siempre presente que un estudiante que requiere más tiempo para aprender también requiere métodos de instrucción que combinen tacto, percepción aguda y manejo delicado. Si tal estudiante recibe demasiada ayuda y aliento, puede desarrollarse una sensación de incompetencia. A un estudiante cuyo progreso lento se debe al desánimo y la falta de confianza se le deben asignar metas secundarias que se pueden lograr más fácilmente que las metas de aprendizaje habituales.

A medida que el estudiante gana confianza y habilidad, los objetivos aumentan en dificultad hasta que el progreso sea normal. Por el contrario, los estudiantes que aprenden rápido también pueden crear desafíos para el instructor. Debido a que estos estudiantes cometen pocos errores, pueden suponer que la corrección de los errores no es importante. Tal exceso de confianza puede resultar en un rendimiento defectuoso. Para estos estudiantes, el instructor constantemente aumenta el nivel de rendimiento de cada lección, exigiendo un mayor esfuerzo. Como podemos ver, existe una metodología para cada quien, y el instructor tiene la obligación de ofrecerle a su alumno un adecuado programa de instrucción que se adapte, no solo a sus necesidades sino también a su personalidad.

Estandarización de la Instrucción

Tal como hemos visto en páginas anteriores, existen procedimientos estandarizados para cada etapa de la instrucción aérea. Tal como hemos mencionado, el objetivo de estas estandarizaciones se basa en reforzar los conceptos de seguridad y operación de las aeronaves. El instructor como modelo a seguir, tiene la obligación de mantener los estándares operativos a la vista de todos sus alumnos con el fin de educar con el ejemplo. Por otra parte, como educador tiene la obligación de ofrecerle a sus alumnos todos los programas de instrucción estandarizada para cada uno de los casos, mostrándole a sus estudiantes las ventajas y desventajas de operar bajo estas normas.

Si por algún motivo, el instructor debe desviarse de los procedimientos estandarizados, debe aclararle la causa a su alumno manifestándole los pasos a seguir, teniendo en cuenta que como figura de ejemplo, los alumnos seguirán sus pasos.

Enfatizar lo positivo y minimizar las frustraciones

Los instructores de vuelo tienen una gran influencia en la percepción de la aviación por parte de los estudiantes. La forma en que los instructores se comportan, las actitudes que muestran y la manera en que desarrollan la instrucción contribuyen a la formación de impresiones positivas o negativas por parte de los estudiantes. El éxito de un instructor depende en gran medida

de su capacidad para presentar las instrucciones de una manera que proporcione a los estudiantes una imagen positiva de la aviación.

Los estudiantes aprenden más cuando la enseñanza se presenta de manera positiva y profesional. Se debe hacer todo lo posible para garantizar que la instrucción se imparta en condiciones positivas que refuercen la capacitación realizada de manera estándar y la modificación del método de instrucción cuando los estudiantes tienen dificultades para comprender una tarea. En esencia, la falta de rendimiento de un estudiante se considera como la incapacidad de un instructor para transferir la información. El instructor debe tener siempre presente que tiene la obligación de enfatizar lo positivo, tanto de su alumno como de la instrucción.

Por otra parte, Minimizar las frustraciones de los estudiantes en el aula, el hangar o durante las lecciones de vuelo es responsabilidad del instructor. Existen algunos puntos a tener en cuenta al momento de asumir esta responsabilidad. Veamos:

- **Motivar al alumno:** el instructor debe siempre recordar que un alumno motivado esta abierto a nuevas enseñanzas y a dar lo mejor de si mismo para conseguir sus objetivos.

- **Mantenerlo informado sobre lo que suceda en vuelo:** cuando es continuamente informado de lo que suceda en el vuelo, se siente parte de el. Este sentimiento de pertenecer a algo, es una necesidad básica del ser humano, y hará que el alumno reduzca la posibilidad de sentirse frustrado por ignorar lo que sucede durante el vuelo.

- **Reconocer sus logros cuando corresponda:** el reconocimiento de sus logros, es una de las mejores herramientas que posee el instructor para motivar a su alumno y evitar su frustración. Se debe tener sumo cuidado con este punto ya que un exceso el reconocimiento de sus logros podría llevarlo a un exceso de confianza, lo cual también es perjudicial para su progreso.

- **Criticar sus errores**: de forma constructiva y sugiriendo las acciones correctivas apropiadas. Esta es la forma de correcta de realizar una critica sin arriesgar su autoestima. Las críticas son una buena herramienta para mejorar, pero para que se entiendan con este fin, siempre deben ir acompañadas de una sugerencia sobre como corregir el punto en cuestión.

- **Admitir los propios errores**: poseer al humildad para admitir los propios errores de la instrucción brindada, muestran a su alumno que el instructor le ofrece toda su sinceridad y que puede confiar en el y en su criterio operativo.

Operación segura

En todos los casos, el instructor debe asumir la responsabilidad por las acciones de sus alumnos, tanto al momento de operar la aeronave en su presencia como durante los vuelos sin el instructor. Se debe recordar que cada alumno y su accionar es responsabilidad del instructor, mientras se encuentren bajo un programa de instrucción en curso. Con el fin de educar a cada alumno en cuestiones de seguridad desde el inicio de la instrucción, cada educador debe ser respetuoso de los procedimientos escritos, respetar los pasos de las listas de chequeo y las normas vigentes de cada país. Adecuar cada vuelo a este modelo de seguridad, será el mejor ejemplo que el alumno va a tener y comenzará a copiar toda actitud de seguridad que su instructor le muestre en cada maniobra u operación.

Profesionalismo

El instructor es la figura central en la formación aeronáutica y es responsable de todas las fases de la formación requerida. Como profesionales, los instructores deben esforzarse para mantener el más alto nivel de conocimiento, capacitación y modernidad en el campo aeronáutico. Para lograr este objetivo, los instructores deben comprometerse con el aprendizaje continuo y permanente y el desarrollo profesional a través del estudio. Los profesionales crean una biblioteca de recursos que los mantiene en contacto con su campo a través de los procedimientos, publicaciones y oportunidades educativas más actuales.

Ser profesional también significa comportarse de manera profesional. Un instructor debe esforzarse por mantener un comportamiento adecuado cuando enseña a un alumno. Este concepto de "comportamiento adecuado" puede ser un punto muy cuestionable. Ante un mismo comportamiento, algunas personas podrían considerarlo apropiado en función a su entorno, y otras podrían considerarlo inapropiado o fuera de lugar. Lo cierto es que lo que el alumno ve, con el correr de las lecciones, lo imita.

Por tal razón es que existen ciertos comportamientos adecuados e inadecuados, los cuales podrían considerarse como tales por la mayoría de las personas, y lo mas importante, por la mayoría de los alumnos. Veamos una pequeña lista de los comportamientos que un instructor debería tener y los que debería evitar:

Un instructor DEBE:

- Lucir una apariencia profesional.
- Ser sincero.
- Mantener la calma.
- Velar por la seguridad y prevención de accidentes.
- Minimizar las frustraciones de sus estudiantes.
- Hablar en un tono cordial.
- Admitir sus errores.
- Respetar los tiempos de sus alumnos (ser puntual).
- Mantenerse capacitado en todo momento.

Un instructor NUNCA DEBE:

- Evidenciar los errores de un alumno frente a otros.
- Decir una cosa y hacer otra.
- Olvidar o dejar de lado su aspecto personal.
- Discutir con los estudiantes.
- Exigir a un alumno mas de lo que sabe que puede dar.
- Corregir a un alumno sin la explicación correspondiente.
- Desautorizar a otros instructores frente a los alumnos.
- Elevar el tono de voz y usar un lenguaje vulgar.

Sumado a estas responsabilidades por parte del instructor, estarán todas aquellas adicionales que cada academia de vuelo decida exigir, sumado a las propias de la autoridad aeronáutica de cada país.

Antes de continuar, nos vamos a detener por un momento a detallar el ultimo punto de lo que un instructor DEBE, donde se menciona el ítem de “mantenerse capacitado en todo momento”.

Los pilotos de todos los niveles convivimos en un mundo aeronáutico de constante crecimiento. Un entorno donde la actividad progresa y evoluciona día a día. Esta evolución constante requiere que cada profesional evolucione a la par, con el fin de mantener los mas altos estándares operativos.

Teniendo en cuenta esta premisa, los instructores se ven obligados a enfrentar esta responsabilidad de actualizar sus conocimientos y nivel académico en todo momento, es decir, tienen la responsabilidad profesional de mantenerse actualizados con un entorno aeronáutico en constante cambio y evolución. Al lograr dominar esta cuestión, podrán ofrecer una instrucción aérea de excelente calidad en todo momento y sin quedarse en el tiempo con contenidos antiguos o fuera de vigencia. En los tiempos actuales, los alumnos jóvenes parecen poseer mas exigencias debido a las diferentes capacitaciones que pueden acceder previo al inicio de sus cursos. La figura del alumno pasivo esta quedando atrás, mientras que la figura del alumno exigente y activo se hace cada vez mas presente. Esto obliga a los educadores, a asumir la responsabilidad de un constante estudio y de una permanente capacitación.

Por otra parte, esta responsabilidad de mantenerse capacitado suele ser omitida por los instructores mayores, quienes consideran no necesitar mas capacitación. Si bien la experiencia del correr de los años en este ámbito, hacen a un instructor formado y con oficio aeronáutico, omitir estas capacitaciones recurrentes lo llevarían a perder al oportunidad de volar con alumnos de todos los niveles y edades, ya que no seria capaz de llevar adelante una lección con un alumno lleno de dudas sobre contenidos actuales.

Ante esta situación no es una deshonra admitir **"No lo se"**! El instructor no esta obligado a saber absolutamente todo, pero si tiene la responsabilidad de ofrecer respuestas a las preguntas que sus alumnos puedan formularle, y ante la situación de no tenerlas, se verá obligado a capacitarse para poder darle a su alumno lo que necesita.

Instrucción Aérea en Simulador

Durante las últimas décadas, la instrucción aérea aplicada a adiestradores terrestres ha tomado un protagonismo fundamental en la evolución del piloto. Hasta los años 80', los simuladores de vuelo eran un beneficio exclusivo de las compañías aéreas para el entrenamiento de sus pilotos. Con el correr de los tiempos se fue generalizando y la instrucción aérea en simulador o adiestrador terrestre fue ganando terreno en la aviación general. Hoy forma parte de una serie de herramientas indispensables para el instructor.

La instrucción aérea en simulador guarda ciertas similitudes con respecto al vuelo y al aula, agregándole algunas ventajas adicionales que veremos a continuación. El instructor debe comprender que la instrucción en simulador NO REEMPLAZA a la instrucción en vuelo, sino que LA COMPLEMENTA.

De la misma forma que la instrucción en vuelo, en simulador el instructor debe adaptar su metodología de enseñanza en función al nivel del alumno y sus objetivos. Para tal fin, vamos a dividir la instrucción en simulador en:

- Instrucción en simulador para alumnos y pilotos
- Instrucción en simulador para pilotos comerciales
- Instrucción en simulador para cabina compartida
- Instrucción en simulador para instructores

Instrucción en simulador para alumnos y pilotos

Comencemos con la instrucción en simulador para alumnos y pilotos ya egresados. El simulador es una excelente herramienta para aquellos alumnos que aún no han volado o bien que están dando sus primeros pasos en el curso de PPA (piloto privado de avión). Si bien, tal como mencionamos anteriormente, el simulador no reemplaza al avión, sí lo complementa. En el caso de un alumno piloto privado (APPA), el instructor puede utilizar el simulador para comenzar a indicarle el funcionamiento de los instrumentos de vuelo, el accionar de las palancas de aceleración, hélice y mezcla, junto con todos sus instrumentos de indicación. La secuencia correcta de instrucción en simulador para un alumno inicial, sería la siguiente:

Antes de iniciar el primero vuelo

Este es el primer contacto del alumno con el material de vuelo (avión y/o simulador). Aquí todo le resultará nuevo, fascinante e imposible de comprender. En este primer contacto, se requiere de un elevado nivel de empatía por parte del instructor, a fin de hacer sentir cómodo a su alumno sin mostrar la clara diferencia entre ambos. En este primer escenario, el instructor podría considerar los siguientes temas para sus primeras lecciones:

- Demostración de la postura correcta de pilotaje
- Demostración y uso de las listas de chequeo
- Demostración de la ubicación y funcionamiento de los instrumentos y mandos de control
- Relación de accionamiento entre las palancas de aceleración, hélice y mezcla con los instrumentos de motor

Durante el curso y previo al vuelo solo

En esta instancia de la instrucción, el simulador tomar un protagonismo secundario, ya que el alumno está completamente enfocado a la operación del avión. De todos modos, una adecuada instrucción en simulador ayudará al procedo de aprendizaje del alumno, previo a su gran momento, el vuelo solo. Ante este escenario, el instructor debe buscar reforzar los conocimientos sobre la operación de la aeronave en situaciones anormales y ofrecerle una introducción al proceso de toma de decisión, puntos indispensables para preparar al alumno antes de su primer vuelo solo.

- Comportamiento de los instrumentos de vuelo ante situaciones anormales.
- Corte total de mezcla y detención del motor.
- Planeo a velocidad constante.
- Introducción a la toma de decisión.

Durante el curso y posterior al vuelo solo

En esta instancia de la instrucción, el alumno ha superado el miedo y la incertidumbre a volar sin su instructor. Aquí se considera que una parte del alumno ha madurado y está lista para continuar con el proceso destrucción final. Con gran parte del vuelo controlado en el avión, el simulador cumple un rol indispensable para iniciar los conocimientos básicos de los procedimientos radio eléctricos. Aquí el instructor tendrá la posibilidad de brindarle todas las herramientas a su alumno, para que éste pueda desenvolverse en un aeropuerto controlado de forma

correcta. Éste es un adecuado momento para que el instructor demuestre la operación de diferentes instrumentos de navegación, ya que usualmente, las aeronaves cuentan con un equipo tradicional estándar y un simulador ofrece la posibilidad de operar otros instrumentos adicionales.

- Operación anormal con falla de instrumentos primarios de vuelo.
- Procedimientos radioeléctricos controlados.
- Procedimientos de emergencia en vuelo (fallas mecánicas y humanas)
- RTO (rejected takeoff) o despegue abortado.
- Comunicaciones normales y anormales con el control de transito aéreo.
- Recuperación de situaciones anormales de vuelo.
- Y toda maniobra que su practica en vuelo represente un riesgo NO ACEPTABLE para la seguridad y el nivel del alumno de tolerancia al estrés del alumno.

Para los simuladores que están equipados con máquinas de humo artificial, es un excelente complemento para la practica de emergencia de fuego en despegue y/o en vuelo.

Ahora bien, cuando el alumno se ha convertido en piloto, la instrucción en simulador debe volverse recurrente durante un periodo de tiempo. Normalmente, luego de obtener su licencia de piloto privado de avión, el alumno olvida los vuelos de instrucción y el instructor suele dejar de lado el seguimiento de su alumno ya piloto. Esta situación afecta el proceso de aprendizaje del piloto, ya que por mas que ha obtenido su licencia, aún carece de la experiencia suficiente para desenvolverse de forma segura en un vuelo.

Por tal razón, la instrucción debe seguir, y el simulador es la herramienta adecuada para mantener vigentes todas las técnicas de operación anormal de la aeronave. De la misma forma en la que las líneas aéreas entrenan a sus pilotos semestralmente en simulador, ofreciéndole una instrucción sobre resolución de conflictos, el piloto principiante debe mantenerse actualizado y entrenado en tales situaciones de vuelo.

Veamos ahora un ejemplo diferente, imaginemos que llega a la academia de vuelo un piloto ya recibido con 50 hs de vuelo y desea "refrescar" algunos conocimientos. Una situación habitual en las academias de vuelo, donde llegan alumnos y pilotos de todos los niveles y de diferentes partes del mundo. El instructor debe tener en cuenta que el piloto llegará a la academia de vuelo con un contenido teórico determinado, y quizás, no sea compatible con la forma o metodología de enseñanza que la academia propone. Es aquí donde el instructor debe ofrecer la mayor empatía con su alumno y adaptarse a sus necesidades.

Ante esta situación, el instructor debería considerar la siguiente guía de instrucción:

- Evaluar el conocimiento del alumno antes de iniciar.
- Utilizar las variaciones de visibilidad del simulador para comenzar a practicar los procedimientos IFR.
- Considerar la instrucción de procedimientos radioeléctricos varios y mezclados con estructuras de comunicación. Aquí es un excelente recurso que el instructor simule el trabajo del controlador aéreo.
- Generar situaciones anormales como ser: falla de instrumentos, de comunicaciones, mecánicas y emergencias con pasajeros.
- Practica de los procedimientos de emergencia que figuran en la lista de chequeo de la aeronave.

• Dominio del vuelo desde el asiento derecho del simulador. Esta practica no es recurrente pero es una excelente herramienta para el caso en el que el piloto sea acompañante en un vuelo, y su colega al mando sufra una incapacitación.

Como podemos observar, existen varias tareas que el instructor puede aplicar en el simulador de vuelo con sus alumnos, ya sean alumnos principiantes o pilotos recibidos.

Una de las grandes ventajas de la instrucción en simulador es el beneficio de la "Pausa". El instructor cuenta con una herramienta de suma utilidad para poder explicar una maniobra y/o procedimiento a su alumno poniendo pausa a la simulación y detallando el comportamiento de los instrumentos, las explicaciones pertinentes y toda aclaración que desee realizar. La pausa en el simulador es una herramienta que el instructor debe usar continuamente, ya que maximiza la atención del alumno ante su explicación.

Instrucción en simulador para piloto comercial

Veamos ahora una guía para la instrucción de Pilotos Comerciales en simulador (PCA graduados o por rendir su examen). Las exigencias de un instructor hacia un PCA deben marcar una clara diferencia con respecto a los APPA y PPA. Aquí la tolerancia al error debe ser inferior y el detalle minucioso de las fallas del piloto debe ser evidenciado por el instructor con el fin de perfeccionar al máximo las destrezas del PCA.

Habitualmente, es recomendable el continuo uso de la pausa para la explicación de procedimientos IFR con cartas de aproximación, donde el instructor va dando su lección durante el vuelo y usa el beneficio de la pausa al evidenciar que el alumno no comprende, del todo bien, algún punto dc la carta.

Considerando la instrucción para PCA, la siguiente guía temática será una buena referencia para el instructor:

Instrucción IFR básica en SIM para PCA

En esta instancia de la instrucción, el alumno siente que domina la aeronave en vuelo visual y eso le brinda cierta confianza para operar el simulador, pero al encontrarse con un cambio de escenario de un vuelo visual a un vuelo instrumental, se le dificultan la mayoría de las maniobras y siente que no evoluciona como debería. Un sentimiento normal en piloto de poca experiencia debido al cambio de la referencia de vuelo. Entendiendo que esta situación pueda suceder, el instructor debe realizar la transición del vuelo visual al vuelo instrumental de forma gradual y buscando que el alumno se sienta cómodo en cada maniobra.

Ante esta situación, el instructor debería considerar la siguiente guía de instrucción:

- Control de los parámetros de vuelo sin visibilidad exterior.
- Procedimientos radioeléctricos con piloto automático, en condiciones IFR y con comunicaciones en español.
- Procedimientos radioeléctricos en vuelo manual, en condiciones IFR y comunicaciones en español.
- Procedimientos radioeléctricos completos en situaciones de urgencia, mecánicas y/o humanas.

Instrucción IFR avanzada en SIM para PCA:

Una vez que el piloto ha alcanzado un determinado nivel académico y de vuelo, el instructor puede considerar aumentar la presión sobre las enseñanzas de incluir contenidos avanzados, pero siempre evaluando si el alumno es capaz de sobrellevar la situación. En caso de qué el nivel de instrucción que plantea el instructor sea demasiado para el alumno, es recomendable acudir a un tono de comunicación más simple intentando explicar las maniobras de una forma más clara y agradable. Si aún así, el alumno continúa sin lograr avanzar, será necesario retroceder a niveles de instrucción inferior a la actual, para reforzar los conocimientos que sea necesarios.

Ante un alumno piloto comercial, el instructor debería considerar la siguiente guía de instrucción:

- Procedimientos con cartografía IFR con piloto automático y comunicaciones bilingües.
- Procedimientos con cartografía IFR en vuelo manual y comunicaciones bilingües.
- Procedimientos IFR completos en situaciones de urgencia, mecánicas y/o humanas.

Al igual que en la instrucción en casos anteriores, es recomendable que el instructor utilice la pausa de la simulación con el objeto de detallar verbalmente los puntos de la cartografía que le resulten confusos al piloto. Esta técnica resulta de mucha utilidad para desarrollar el procedimiento completo y sin errores.

En una ultima instancia de la instrucción en SIM para PCA, es recomendable que el instructor simule el examen que el alumno va a rendir ante la autoridad aeronáutica, generando las mismas situaciones que el inspector prevea generar, agregando la presión psicológica necesaria para verificar que el piloto pueda desarrollar el vuelo bajo una carga de trabajo intensa y sobre altos niveles de estrés. En esta instancia no es recomendable la utilización de la pausa de la simulación ya que se busca acumular estrés en el piloto para estudiar su comportamiento.

Instrucción en simulador para cabina compartida

Aquí el formato del programa de instrucción varia un poco a diferencia de los programas de instrucción anteriores. El objetivo primario de la instrucción en cabina compartida se enfoca mas al comportamiento de cada piloto al formar parte de un equipo y no de las acciones como pilotos individuales. Esta cuestión hace que la práctica especifica de vuelo pase a un segundo plano y se priorice el manejo y manipulación de situaciones normales y anormales como miembro de una tripulación, generalmente formada por dos pilotos.

Considerando estos objetivos primarios y secundarios, veamos una guía para el instructor al momento de planifican su programa de instrucción a dos pilotos en cabina compartida:

Primera instancia de instrucción

En esta primera instancia instrucción, los pilotos se familiarizan con nuevos conceptos de vuelo, diferentes roles en cada uno de sus puestos y una nueva estandarización de los procedimientos operativos. El instructor podría considerar seguir el siguiente orden de temas para esta primera instancia:

- Lecturas de listas de chequeo para procedimientos normales.
- Distribución de tareas como **PF** (pilot flying) y **PM** (pilot monitoring).
- Operaciones de vuelo normal como **PF** y **PM**.
- Operaciones IFR como **PF** y **PM**.
- Transferencia de mandos y cambio de roles de **PF** y **PM**.
- Call Outs estandarizados.

Luego de que los pilotos han logrado comprender los ítems mencionados, el instructor tiene dos caminos, puede continuar repasando en las sesiones siguiente de simulador cada uno de estos temas hasta que los pilotos logren dominar por completo cada uno de estos puntos o bien pasar a la instancia siguiente, a sabiendas de que el nivel de complejidad aumentará y será necesario el dominio de los temas mencionados. Tomemos como ejemplo la segunda opción:

Segunda instancia de instrucción

En esta segunda instancia de la instrucción, es instructor plantea situaciones anormales de vuelo e instruye a los alumnos en la resolución de conflictos trabajando en equipo, cambiando de roles y realizando una aproximación, determina las fallas en la aeronave. Se enfoca gran parte de la instrucción en la gestión de riesgos y emergencias trabajando como tripulación.

Se recomienda la siguiente guía de temas a tratar durante esta segunda instancia de la instrucción:

- Lecturas de listas de chequeo para procedimientos anormales.
- Manejo y manipulación de fallas y distribución de tareas.
- Situaciones de vuelo anormal y resolución de conflictos.
- Transferencia de mandos y cambio de roles emergencia.
- Aproximaciones con falla de motor.
- Distribución de tareas en situaciones anormales.
- Gestión de emergencias, mecánicas y humanas.

Tercera instancia de instrucción

Luego de finalizar esta segunda instancia donde la tripulación ha logrado comprender los conceptos de trabajo en equipo ante diferentes situaciones, normales y anormales de vuelo, es momento de pasar a la tercera y ultima instancia de la instrucción para el trabajo de cabina compartida. Aquí el instructor se independiza de la tripulación y toma el rol de controlador aéreo, ofreciendo los servicios de comunicación y asistencia al vuelo.

En esta tercera instancia de la instrucción, es recomendable cambiar los escenarios del entrenamiento, utilizando una de las ventajas que proponen los simuladores, que es el cambio de aeropuertos, zonas y diferentes complejidades geográficas. En las instancias anteriores, la tripulación debe iniciar en un escenario conocido, usualmente su propio lugar de operación, con el fin de estar familiarizado con la zona y los aeropuertos. Para esta ultima instancia, el instructor debería cambiar por completo ese esquema. Para tal fin se recomiendan los siguientes pasos:

- Operaciones normales en diferentes países de mayor complejidad operativa que el propio de origen.
- Cambio de las condiciones meteorológicas.
- Restricciones de los controladores de transito aéreo.
- NOTAMS de ultimo momento en destino, los cuales agraven la aproximación.

En esta ultima instancia de la instrucción, la tripulación se ha liberado de las instrucciones del instructor y ha logrado desarrollar el vuelo completo bajo las indicaciones del controlador de transito (el instructor). De lograr dominar todas las instancias anteriores, la instrucción en cabina compartida habrá finalizado y el trabajo del instructor habrá sido un éxito!

Instrucción en simulador para instructores

Por ultimo llegamos a la instrucción en simulador para la licencia de instructor. Aquí, el simulador cumple un rol fundamental ya que, parte del trabajo del instructor con su alumno (futuro instructor) es simular situaciones de diferentes personalidades de alumnos y en diferentes niveles con el objeto de que el alumno, futuro instructor, pueda practicar las diferentes técnicas pedagógicas y de enseñanza aprendidas durante el curso teórico. Veamos cual seria una secuencia lógica de instrucción en simulador para futuros instructores:

En primera instancia y al igual que en el avión, se debería buscar el control manual del vuelo en simulador desde el asiento derecho del mismo. Posterior a ello, es recomendable iniciar la instrucción pedagógica del futuro instructor. Aquí el actual instructor debe actuar como alumno en diferentes niveles y el futuro instructor debería seguir la siguiente secuencia de procedimientos a enseñar:

- Dominio básico de las maniobras en tierra.
- Dominio básico de las maniobras en vuelo.
- Operaciones radioeléctricas sin comunicaciones.
- Operaciones radioeléctricas con comunicaciones.

Estos cuatro ítems son los básicos e indispensables que todo instructor debe tener la capacidad de enseñar. Ahora bien, una vez que ha dominado las técnicas pedagógicas para mostrar los detalles de los ítems mencionados, el actual instructor debería simular diferentes personalidades de alumnos, para que el futuro instructor practique la enseñanza de los temas mencionados pero adaptando el contenido y el tono de la comunicación interpersonal a cada perfil de alumno.

El actual instructor debería simular las siguientes personalidades para que el futuro instructor busque la practica pedagógica con ellas en función a lo aprendido en el curso teórico:

- Simulación de alumno con dificultades de comprensión.
- Simulación de alumno con facilidades de comprensión.
- Simulación de alumno con dificultades personales y actitudes de desinterés por lo que se le esta enseñando.
- Simulación de alumno con facilidad de aprendizaje y con necesidad de avanzar mas rápido de lo que el instructor dicta la lección.
- Simulación de alumno con bloqueos emocionales.
- Simulación de alumno con diferentes complejos de personalidad, siendo el mas habitual, el complejo de inferioridad aeronáutica, donde el alumno desea mostrar mas de lo que sabe y a quien se le debe tratar con empatía para no afectar su motivación.

Son varias las posibilidades de simulación de perfiles estudiantiles. Aquí el instructor real podrá ir guiando la lección según lo crea conveniente y será de gran ayuda utilizar la herramienta de la pausa de la simulación para poder explayarse en explicaciones pedagógicas según lo crea necesario.

Ante esta instancia debemos recordar que el futuro instructor de simulador, ofrecerá la misma instrucción aérea que ha recibido, y quizás, de la misma manera. Por tal razón, el instructor actual debe apegarse a los procedimientos, sin denotar vicios educativos o de pilotaje, puesto que el futuro instructor podría tomarlos como propios.

En la mayoría de los casos, los aspirantes a la licencia de instructor de simulador, ya son instructores de vuelo. Esto hace que posean varias de las herramientas necesarias, pero también hace que carezcan de otras tantas como el "timing" adecuado del uso de la pausa, el detalle de las explicaciones que en un vuelo real se harían imposibles por el tiempo y la imaginación de generar situaciones anormales como las que un simulador permite (fallas mecánicas y/o humanas, escenarios geográficos complejos, etc).

Será de gran ayuda que el instructor sea un "gran creativo" con sus alumnos en las sesiones de simulador. Imaginemos a una lección en simulador como un lienzo en blanco donde el artista puede pintar lo que desee, del color que desee y de la forma que mejor se le ocurra. Los alumnos serán los espectadores de su obra y desearán disfrutarla.

Considerando esta premisa, veamos algunas recomendaciones para que las sesiones de simulador sean lo mas productivas posibles por parte del instructor y para sus alumnos. Recordemos:

- Variar los escenarios de vuelo y las condiciones meteorológicas.
- Poner a prueba a los alumnos, generando fallas aleatorias de instrumentos, de motores, y mas.
- Generar situaciones emocionales en cabina, como ser confusiones por parte del copiloto, situaciones médicas abordo, pasajeros disruptivos, y mas.
- Variar los aeropuertos de operación, tanto los de salida como los de llegada.
- Presentar siempre al alumno, la cartografía impresa que va a realizar.
- Inventar restricciones, NOTAMS, y cualquier otra situación en tierra que lleve a una consideración especial por parte del alumno.
- Generar ruidos externos como distracción, sea alguna frecuencia de torre (muchas se obtienen online).
- Variar el idioma de la comunicación PILOTO-TORRE.

• Y cualquier otra situación que SUME a la finalidad de la instrucción aérea de calidad.

La instrucción aérea se ha vuelvo un complemento indispensable para la formación aeronáutica en todos los niveles y el instructor será el responsable de sellar la calidad de esa instrucción en sus alumnos, quienes serán su reflejo con el correr de los años.

Barreras de la Instrucción Aérea

Independientemente de los estándares de instrucción que cada educador pueda adoptar, todo modelo educativo debe lidiar con barreras que podrían limitar su éxito e incluso, detener su progreso por completo. Estas barreras u obstáculos son comunes en la instrucción de aérea y pueden aplicarse directamente a la actitud, condición física y perfil psicológico del estudiante. Los factores mas habituales son:

- Sentimiento de trato injusto (afecta al autoestima)
- Impaciencia para pasar a maniobras más interesantes
- Preocupación o falta de interés
- Malestar psicofísico, fatiga y deshidratación
- Apatía debido a una instrucción inadecuada
- Ansiedad

Trato injusto: Los estudiantes que creen que su instrucción es inadecuada, o que sus esfuerzos no son considerados ni evaluados concienzudamente, no aprenden bien debido a que se ve afectada su autoestima. Además, su motivación se resiente independientemente de la intención que tengan de aprender a volar. La motivación también disminuye cuando un estudiante cree que el instructor está haciendo demandas inapropiadas para su nivel o exigiendo tareas que aun no fueron desarrolladas

Impaciencia: La impaciencia es un enorme impedimento para aprender habilidades de pilotaje. El estudiante impaciente no comprende la necesidad de una capacitación preliminar y solo busca el objetivo final sin considerar los medios necesarios para alcanzarlo. Con cada esfuerzo humano complejo, es necesario dominar los conceptos básicos para que toda la tarea se realice de manera competente y segura.

El instructor puede corregir la impaciencia del estudiante presentando la capacitación preliminar necesaria un paso a la vez, con objetivos claramente establecidos para cada paso. La impaciencia suele derivar de una lección básica para el ritmo de un alumno lento, pero aplicada a un alumno motivado y rápido. Este error típico por parte de un instructor suele darse en las grandes academias de vuelo donde existe un elevado numero de instructores, y un muy bajo nivel de seguimientos de alumnos. Aquí el instructor propone una lección determinada sin saber si su alumno ya ha pasado por este tema o no. Seguido a ello, de la mano de la impaciencia llega el desinterés por lo que tenga que decir el instructor.

Preocupación o falta de interés: La preocupación o falta de interés tiene un efecto perjudicial sobre el aprendizaje. Los estudiantes que están preocupados o emocionalmente molestos no están listos para aprender y obtienen pocos beneficios de la instrucción. Los trastornos emocionales significativos pueden deberse a problemas personales, trastornos psiquiátricos o una aversión al programa de capacitación o al instructor. Las experiencias de los estudiantes fuera de sus actividades de capacitación afectan el comportamiento y el rendimiento en la capacitación.

Cuando los estudiantes comienzan el entrenamiento de vuelo, traen consigo sus intereses, entusiasmos, miedos y problemas. El instructor no puede ser responsable de estos desvíos externos, pero no puede ignorarlos porque tienen un efecto crítico en el proceso de aprendizaje. La instrucción debe estar orientada a la utilización de los intereses y el entusiasmo que los estudiantes traen consigo, y desviar su atención de sus preocupaciones y problemas para aprender las tareas que tienen entre manos.

Ante esta ultima cuestión es importante aclarar la postura de un instructor de vuelo, quien no solo sirve a su función como educador sino que suele cumplir el rol de consejero en diferentes campos emocionales del alumno, no solo el aeronáutico. Para los alumnos con el correr de las lecciones, el instructor se va transformando en un líder de opinión, al cual escuchan y respetan. Esta herramienta debe ser utilizada a favor del objetivo académico del alumno, y el instructor debe poseer la empatía para saber escuchar, guiar y aconsejar a su estudiante.

Malestar Psicofísico: La incomodidad física, la enfermedad y la fatiga disminuirán significativamente la capacidad de aprendizaje durante la instrucción en el aula y el entrenamiento de vuelo. Los estudiantes que no se sienten completamente a gusto y cuya atención se ve desviada por incomodidades como los extremos de temperatura, ventilación deficiente, iluminación inadecuada o ruido y confusión, no pueden aprender a un ritmo normal. Una enfermedad leve, como un resfriado, una enfermedad grave o una lesión, interfiere con el ritmo normal de aprendizaje. Esto es especialmente importante para la instrucción en vuelo ya que la mayoría de las enfermedades afectan adversamente la agudeza de la visión, la audición y el sentimiento.

Fatiga: La fatiga es uno de los puntos más peligrosos para la seguridad de vuelo, ya que puede no ser evidente para un piloto hasta que se cometan errores graves. Es importante que el instructor sea capaz de detectar la fatiga, tanto al evaluar el desempeño deficiente de un alumno al comienzo de una lección, como al reconocer el deterioro del rendimiento. Ahora bien, siendo una cuestión casi asintomática, el instructor puede evidenciar la posible fatiga en su alumno ante la presencia de alguno de los siguientes puntos:

- Falta de atención
- Distracción
- Errores en el tiempo
- Negligencia de tareas secundarias
- Pérdida de precisión y control
- Irritabilidad

Cualquiera sea el indicio que presente e alumno, el instructor debería discontinuar con la lección de vuelo hasta tanto este seguro de que su alumno se encuentra en óptimas condiciones para afrontar la presión de un vuelo y sea capaz de disfrutarlo.

Apatía por la instrucción: Esta barrera aparece cuando el alumno siente que la instrucción impartida no es correcta, o cuando la instrucción parece ser deficiente, contradictoria o irrelevante. Para mantener el interés del estudiante y mantener la motivación necesaria para el aprendizaje eficiente, se debe proporcionar una instrucción bien planificada, apropiada y precisa. Nada destruye el interés de un estudiante tan rápido como un período de instrucción mal organizado. Incluso un estudiante inexperto se da cuenta inmediatamente cuando el instructor no ha podido preparar una lección y esta "improvisando" el contenido de la misma.

¿Pero como logra darse cuenta un alumno novato?

Muy simple, por mas novato que sea, el alumno es un ser humano racional con la capacidad de encontrarle un sentido lógico a las cosas. Si el instructor plantea en primera instancia enseñarle a su alumno un aterrizaje de emergencia con falla de motor, y este es su primer vuelo, el alumno puede comprender que sería útil primero aprender a volar recto y nivelado o bien aprender primero a realizar un simple viraje. Esta apatía por la instrucción lo llevará al desinterés.

El instructor siempre debe tener un plan. La instrucción puede ser demasiado explícita y tan elemental que no logra mantener el interés del estudiante, o puede ser tan general o complicada que no evoca el interés necesario para el aprendizaje efectivo. Para ser efectivo, el instructor debe enseñar en función al nivel del alumno.

Ansiedad: La ansiedad del estudiante puede colocar cargas adicionales en el instructor. Esto limita frecuentemente la capacidad de percepción del alumno y retrasa la evolución académica. Este factor o barrera que afecta al estudiante se da habitualmente en pilotos que van a un ritmo mas acelerado que la lección del instructor. Ante esta situación, será tarea del instructor evidenciar la ansiedad en su alumno, y controlarla acelerando el programa de instrucción o retrasándolo, con el fin de estar siempre adelantado a lo que vendrá, ganándole a la ansiedad del alumno.

Ahora bien, la ansiedad no es un tema solo del alumno, sino que también afecta a los instructores con bajos niveles de paciencia. Esta barrera de la mano de un instructor puede perjudicar a su alumno, al exigirle que avance a un ritmo de aprendizaje para el que el estudiante no esta preparado o no se siente cómodo.

Es importante recordar que cada estudiante posee una personalidad diferente al resto, por consiguiente, un ritmo de aprendizaje diferente, con capacidades diferentes y una actitud ante el trabajo bajo presión diferente al resto. Esta barrera de ansiedad se verá agravada dentro de un aula con un grupo elevado de alumnos, donde cada uno aprende a su propio ritmo.

Aquí el instructor debe buscar el camino correcto para mantener la atención en todo su publico, manteniendo entretenidos a los alumnos con un ritmo de aprendizaje acelerado mientras que mantiene atentos y cautivos a los alumnos con un ritmo de aprendizaje mas lento. Una tarea que con los años de practica logra ser instintiva en los educadores de mayor experiencia.

Instrucción LOFT

LOFT Line Oriented Flight Training

Aviation Bookstore
aviation step by step

Introducción

El entrenamiento de vuelo orientado a líneas (LOFT) se lleva a cabo en un simulador de vuelo como parte del entrenamiento inicial o recurrente de la tripulación de vuelo. Implica un detalle realizado en tiempo real y representativo de las operaciones de línea aérea, pero incluye un énfasis especial en situaciones anormales que involucran comunicaciones, gestión y liderazgo. Las anomalías que se encontrarán no están pre-informadas.

El concepto de LOFT se expuso por primera vez en la Circular 217 AN/132 de la OACI "Human Factors Digest No 2" en 1989, que desde entonces se ha vuelto a publicar en su forma original como UK CAA Publication CAP 720 (Crew Resource Management and LOFT) y establece en la introducción del capítulo 5 que:

"LOFT puede tener un impacto significativo en la seguridad de la aviación a través de una mejor capacitación y validación de los procedimientos operativos. LOFT presenta a las tripulaciones aéreas escenarios de operaciones diarias típicas en su aerolínea con dificultades razonables y realistas y emergencias introducidas para proporcionar capacitación y evaluación de las técnicas adecuadas de gestión de la cubierta de vuelo.

El resultado es una apreciación por parte de la compañía aérea de las deficiencias operativas por parte de las tripulaciones de línea y una evaluación de la idoneidad de los procedimientos y la instrumentación de la cubierta de vuelo, así como de la eficacia general de la capacitación de la tripulación.

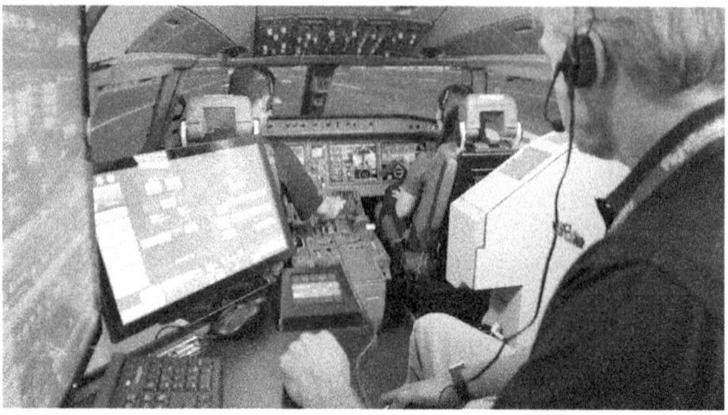

Los escenarios LOFT pueden desarrollarse a partir de muchas fuentes, pero los informes de accidentes proporcionan un punto de partida realista y apropiado. Un programa LOFT correctamente dirigido puede proporcionar una gran visión del funcionamiento interno de las operaciones y el programa de capacitación de una aerolínea por las siguientes razones:

- Si errores similares parecen ser recurrentes entre los pilotos, puede indicar un problema potencialmente grave como resultado de procedimientos incorrectos, manuales conflictivos o incorrectos, u otros aspectos operativos.

- Puede revelar áreas en los programas de entrenamiento de tripulaciones aéreas que son débiles o que necesitan énfasis.

- Puede revelar problemas con la ubicación de los instrumentos, la información que se presenta a los pilotos u otras dificultades con el diseño físico de una cubierta de vuelo en particular.

- Las compañías aéreas pueden usarlo para probar y verificar los procedimientos operativos de la cubierta de vuelo.

LOFT no debe utilizarse como método para verificar el desempeño de las personas. En cambio, es una validación de los programas de capacitación y los procedimientos operativos. Una persona o equipo que necesite capacitación adicional después de una sesión de LOFT debe tener esa oportunidad de inmediato sin estigma ni recriminación.

Una sesión LOFT no debe interrumpirse excepto en circunstancias extremas e inusuales. Reposicionar el simulador y repetir problemas es inconsistente con los principios de LOFT. Parte del beneficio de LOFT se deriva de que un individuo o tripulación pueda apreciar rápidamente los resultados, ya sean positivos o negativos, de las decisiones operativas. Una vez concluido dicho período de sesiones, se debe realizar una sesión informativa exhaustiva de todos los aspectos. Esto puede lograrse mediante un auto-informe inicial por parte de la tripulación, seguido por el informe del coordinador de LOFT (el instructor). Esta crítica debe incluir el uso de ayudas tales como grabadoras de voz y video, así como notas escritas".

El correcto uso de la herramienta de debriefing es indispensable para obtener los mejores resultados del LOFT. Una oportunidad única para que la tripulación y el instructor puedan intercambiar sus experiencias de lo que fue el vuelo y de como lo vivió cada uno desde sus respectivos puestos.

Fases de un programa de instrucción LOFT

Los escenarios de LOFT deben contener las siguientes fases: información, documentos y actividades de planificación previa al vuelo, segmento de vuelo e información. Estos se describen en los párrafos siguientes.

Briefing: Antes de que comience el segmento de vuelo, el facilitador debe informar a los miembros de la tripulación sobre el escenario LOFT, incluidos los objetivos de capacitación y el papel del facilitador (es decir, el facilitador se considera "no presente", excepto como Controlador de Tránsito Aéreo (ATC) o como otra entidad de base terrestre). El papel de la tripulación de vuelo debe discutirse en la sesión informativa (es decir, los miembros de la tripulación de vuelo deben realizar sus tareas tal como lo harían en las operaciones reales). También se debe discutir la información sobre "el entorno ambiental del escenario".

Análisis pre-vuelo: Los documentos de planificación previos al vuelo (por ejemplo, informes meteorológicos y planes de vuelo) deben prepararse teniendo en cuenta los objetivos de capacitación particulares del operador. Por ejemplo, el operador puede optar por que los miembros de la tripulación aprendan a manejar condiciones climáticas desfavorables o a corregir cargas de combustible inadecuadas. Las actividades previas al vuelo incluyen la configuración de la cabina, el cálculo de los datos de despegue, etc.

Segmento de vuelo: El segmento de vuelo incluye procedimientos de rodaje, despegue, vuelo y aterrizaje y apagado. También debe incluir el momento en que se lleva a cabo la comunicación con ATC y otras agencias terrestres.

Debriefing El debriefing debe incluir comentarios a los miembros de la tripulación sobre su desempeño. Los comentarios positivos con respecto al desempeño de la tripulación deben enfatizarse en la sesión informativa, así como en el desempeño de la tripulación que necesita mejoras. El informe implica críticas de los facilitadores a los miembros individuales de la tripulación y de la tripulación como equipo. Además, es importante que los miembros de la tripulación se les dé la oportunidad de criticar y analizar su propio rendimiento y revisar los puntos clave del registro de video, si se utiliza.

Ámbito de aplicación LOFT

Si bien el entrenamiento de vuelo orientado a líneas aéreas (LOFT) fue creado y diagramado para cumplir con las necesidades de las tripulaciones de líneas aéreas comerciales, su ámbito de aplicación ha traspasado fronteras, alcanzando a tripulaciones de todos los niveles, desde pilotos de líneas aéreas, instructores, pilotos de aviación general, pilotos en formación, e incluso, la temática es tratada en los cursos de cabina compartida, donde el instructor ofrece una sesión especial orientada a un LOFT adaptado en función a la tripulación.

A continuación, el capitán Facundo Conforti, director de la editorial, nos relata como ha logrado aplicar el concepto de LOFT a tripulaciones de todos los niveles y edades.

- *"Ante todo, mi eterno agradecimiento a todos aquellos pilotos y entusiastas de la aviación, quienes se han tomado el tiempo de leer nuestra colección de libros, una colección realizada con pura pasión aeronáutica por parte de todo el equipo que hoy conforma a la Biblioteca Aeronáutica mas leída del mundo".*

En los últimos años he desempeñado mis funciones como director del departamento de instrucción de una academia de vuelo en Argentina. Basado en mi experiencia como piloto de línea aérea, quise darle un enfoque mas profesional a los programas de instrucción académica, tanto para los alumnos iniciales como para los pilotos avanzados. La idea de aplicar la filosofía LOFT a diferentes niveles de la instrucción aérea, llevó a obtener grandes resultados en diversos niveles educativos.

Inicialmente, el programa adaptado de LOFT fue aplicado para pilotos comerciales en instrucción de cabina compartida en simulador, con la misma programación y estructura que el LOFT aplicado a las tripulaciones de líneas aéreas. Si bien, estos pilotos no contaban con la experiencia de vuelo suficiente para poder gestionar las emergencias en simulador de manera ágil y dinámica, las sesiones fueron muy bien aceptadas por los estudiantes, quienes comenzaron a descubrir sus propias limitaciones operativas y humanas dentro de la cabina.

Las técnicas de briefing y debriefing resultaron de suma utilidad al momento de analizar la sesión completa del LOFT, logrando una notable mejoría en los pilotos que participaron del programa con el correr de las sesiones y al finalizar el proceso.

Por otra parte, quisimos llevar el concepto de LOFT un poco mas allá de los probado hasta ese momento y dedicamos adaptar un programa especial de LOFT para pilotos individuales, no alumnos en cursos iniciales, sino pilotos iniciales pero ya con sus respectivas licencias obtenidas.

El programa adaptado intentaba buscar el comportamiento del piloto ante situaciones inusuales volando solo en una aeronave de pequeño porte. Se plantearon diversos escenarios, como fallas mecánicas y humanas, y cada piloto debía resolver la situación de la mejor manera que creía correcta. Esta fue la clave del éxito del LOFT adaptado a pilotos iniciales, la forma de resolver las situaciones de emergencia que los estudiantes creían correcta, a menudo se apartaban de los procedimientos estandarizados de vuelo y terminaban con malos resultados.

A causa de este gran descubrimiento de un patrón común en la mayoría, fue que los debriefing lograr evacuar un sinfín de dudas en común, no sobre cuestiones técnicas del avión, sino de cuestiones relativas al factor humano, la toma de decisión, la conciencia situacional, el liderazgo y demás cualidades que suelen pasar desapercibidas en las primeras instancias de la carrera de un piloto.

Luego de compartir mi experiencia adaptando el modelo LOFT a pilotos en general, fueron muchas las academias de vuelo en toda America que se sumaron a esta iniciativa y que hoy siguen adaptando sus propios programas LOFT para cada grupo de pilotos. Para ellos, los pilotos, ha sido un gran avance en sus programas de instrucción y les ha dado la oportunidad de prepararse para una línea aérea de forma mas efectiva y con mayores probabilidades de éxito.

Todo aquel instructor de simulador que tenga la posibilidad de capacitarse en este tipo de programas, sin dudas marcará una diferencia entre el resto de sus colegas educadores, ya que podrá ofrecerle a sus alumnos un valor agregado a su instrucción y una gran ventaja competitiva respecto del resto de los pilotos. Sea cual sea, el nivel académico de los alumnos o el nivel de experiencia de vuelo que posean, todos, absolutamente todos los pilotos, pueden experimenta la experiencia de volar un programa de instrucción como el LOFT, siempre y cuando, el instructor que coordine este programa posea la debida capacitación sobre el tema.

- *"Nuevamente mi agradecimientos por haber llegado hasta esta sección final del libro. Educar es un gran aporte a la aviación. Convertirse en un excelente educador es la tarea de cada instructor"*

Capt. Facundo Conforti

Instrucción de simulador en cabina compartida

Introducción

La instrucción de simulador en cabina compartida lleva a los pilotos al mas alto nivel de instrucción aérea. A diferencia de lo que muchos creen, la instrucción en cabina compartida no está directamente relacionada con los procedimientos de vuelo, aunque claro, guardan cierta relación con estos, pero se trata de un programa de instrucción donde, el instructor de simulador buscará la coordinación de la tripulación en cada una de las tareas del vuelo, desde las operativas de la aeronave, hasta las relativas al factor humano entre los pilotos.

El instructor de simulador debe tener en cuenta que la instrucción en cabina compartida, aunque sea realizada en un simulador de vuelo, requiere de la misma consciencia situacional que en un vuelo real, por tal, debe planificar la instrucción del día incluyendo tareas previas a subirse al simulador y tareas posteriores a finalizar el vuelo en el simulador. A continuación se detallan todos las consideraciones y temas que se deben incluir en la instrucción aérea en simulador para el entrenamiento de cabina compartida, considerando los mismos ítems que en un vuelo real de línea aérea.

Planificación y Task Sharing

La planificación de un vuelo es uno de los pilares que garantizará el éxito de la operación. Una correcta planificación se basa en la división de tareas, tanto en tierra como en vuelo. Para esta planificación se contemplan diferentes roles para cada uno de los pilotos. Aquí nos encontramos con uno de los principales puntos diferentes a lo tradicional al momento de hablar sobre el trabajo en cabinas compartidas, es decir, formar parte de un equipo o tripulación y no operar la aeronave de forma individual, tal como se había hecho hasta antes de este concepto.

Usualmente los pilotos en formación transcurren sus carreras volando solos, o en algunos casos, con otros colegas o compañeros que acompañan sus vuelos pero no en carácter de tripulación, sino como colegas o amigos. A partir de este punto, ese concepto de un vuelo individual o solitario ya no existirá más.

El formato típico de un vuelo en cabina compartida incluye diversas tareas, desde mucho antes de poner en marcha el o los motores del avión:

- Análisis de documentación administrativa y operativa.
- Briefing.
- Coordinación con el resto del equipo.
- Preparación de la cabina del avión.
- Designación de roles.
- Procedimientos técnicos.
- Entre muchas otras tareas mas...

Todas estas tareas deben ser contempladas como equipo y no como pilotos individuales, es decir, al momento de leer la documentación debería realizarse en conjunto a fin de que ambos pilotos tengan conocimiento de los detalles técnicos y administrativos de su vuelo. Analicemos un ejemplo:

Los dos pilotos prevén realizar un vuelo de carga a un aeródromo ubicado a 250 NM desde su aeródromo de origen. Para ello, contactan a personal de la compañía, quien le brinda toda la información relativa al vuelo, tanto los detalles técnicos de la carga a transportar como los detalles operativos del plan de vuelo, novedades del avión, informes meteorológicos y restricciones operativas de los aeródromos a sobrevolar (NOTAMS).

Al recibir la información, ambos pilotos deben decidir quien estará a cargo para el primer tramo y quien será el responsable de la operación del vuelo. *(definen figuras de PF y PM, a desarrollar en páginas siguientes).* Mientras el piloto al mando toma el reporte meteorológico y lee sus detalles, el segundo piloto va analizando los mapas satelitales del reporte a fin de que la información que su compañero esta leyendo, coincida con lo que el mismo esta observando en su documentación.

Este chequeo cruzado o *"Cross Check"* suele realizarse en todas las tareas que impliquen la lectura de información relativa al vuelo. Por ejemplo, en la descripción del plan de vuelo, donde uno de los pilotos deberá leer sus detalles y el otro piloto confirmar que la información leída es correcta para la ruta planificada.

De esta manera, comienza el trabajo en equipo, aprendiendo a compartir información de un modo ordenado y organizado para evitar omitir cualquier detalle que pudiera afectar al vuelo. El paso siguiente de la tripulación será realizar un *"briefing"* o reunión con el resto de la tripulación, en caso de que exista. Para este ejemplo no aplicará, debido a que será un vuelo de carga, por lo que el próximo paso será dirigirse hacia el avión y comenzar a preparar la aeronave para su carga. Luego de ello, el vuelo se desarrollará de manera habitual contemplando uno de los conceptos mas importantes a aprender en este manual, la división de tareas o *"TASK SHARING"*.

La FAA *(Federal Aviation Administration)* define este concepto de la siguiente manera:

"dividing the workload between crew or team members in a systematic and integrated way"

Dividir las tareas o carga de trabajo entre los miembros de la tripulación de forma sistemática e integrada. Considerando este concepto, la división de tareas en una tripulación de dos estará definida por los roles de PF y PM *(a desarrollar en páginas siguientes),* y por la experiencia de cada miembro del equipo.

Se debe considerar que la carga de trabajo durante un vuelo normal es considerable pero al ser un equipo de dos pilotos, se puede llevar a cabo de manera mas ordenada y minimizando el riesgo a errores. Analicemos un ejemplo de un *Task Sharing* correcto durante una etapa normal del vuelo como ser la carrera de despegue:

A diferencia de un despegue en un avión operado por un solo piloto, donde éste debe operar la potencia, los controles de vuelo, las comunicaciones, observar la pista y su recorrido y al mismo tiempo analizar la velocidad para lograr despegar el avión; cuando se realiza una operación de a dos, resulta mucho mas simple. En esta situación el Task Sharing funciona para aliviar al carga de trabajo del piloto al mando, cuando su compañero puede hacerse cargo de las comunicaciones, del análisis de la velocidad y parámetros de los motores, anunciándole al piloto al mando las velocidades que va alcanzando, sin que éste deba bajar la vista para buscar esa información. Este es un típico caso de una división de tareas en un momento donde realmente es necesario.

Una situación habitual donde se podría observar claramente los beneficios de una correcta división de tareas es en la lectura de las listas de chequeo. En este caso, un piloto que vuela solo debe leer la lista e ir verificando los sistemas que va leyendo en cada ítem. Por otra parte, en una cabina compartida, mientras uno de los pilotos lee los ítems, el otro piloto será el encargado de realizar las acciones de cada uno de éstos, de esta manera se logrará maximizar los tiempos operativos compartiendo la carga de trabajo.

Imaginemos otra situación normal de vuelo, donde durante la etapa de crucero, el piloto al mando necesita conocer la autonomía actual o combustible remanente en su aeronave. Para tal fin, se han dividido las tareas y el piloto que asiste será el encargado de realizar las verificaciones y cálculos necesarios para obtener esa información.

Durante un vuelo típico, una distribución estándar de tareas podría dividirse de la siguiente manera:

La división de tareas puede cambiar drásticamente ante una de emergencia en vuelo, donde el piloto al mando solo debería concentrarse en volar el avión y llevarlo a un estado lo mas seguro posible. Mientras tanto, el segundo piloto será el encargado de gestionar los recursos para resolver la emergencia, como realizar las comunicaciones, leer las listas de chequeo para la falla en cuestión, analizar los manuales del avión buscando una solución y toda aquellas tareas que pueda alivianar la carga de trabajo del piloto al mando que solo debería volar el avión.

Será fundamental para el éxito del vuelo, siempre tener en mente el concepto del *Task Sharing,* recordando que es un concepto que ayudará a alivianar la carga de trabajo de los miembros del equipo o tripulación. Este concepto se aplicará a lo largo de toda la carrera de un piloto profesional siempre que vuele en cabinas compartidas.

TU TURNO!

¿Cuál crees que sea el Task Sharing correcto de la tripulación en esta imagen donde están aterrizando?

Pilotos Según Roles (PF y PM)

Los conceptos de PF o pilot flying y PM o pilot monitoring son los primeros con los que el piloto sin experiencia en cabina compartida debe familiarizarse. Estas dos figuras están determinadas por los roles y responsabilidades de cada piloto y funcionan como un titulo a la tarea asignada para ese vuelo, o parte de él.

Estas dos figuras suelen conocerse de diferentes maneras, dependiendo de las legislaciones de cada país, de las políticas internas de cada compañía, o simplemente, respondiendo a una cuestión cultural operativa. Veamos algunos ejemplos:

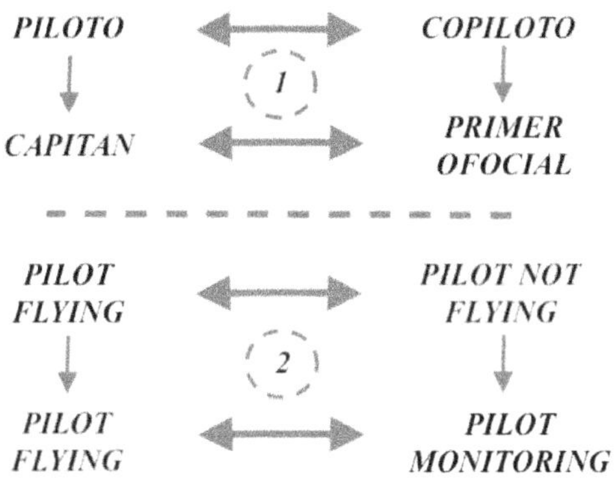

Para comprender mejor estos nuevos términos, hemos dividido estos nombres en dos grupos. El primer grupo abarca los cargos referentes a aspectos legales o corporativos, dependiendo de las regulaciones de cada país o compañía. Si bien ambos pilotos poseen la misma formación profesional dentro de los cursos que una empresa pueda otorgarles, cada uno de ellos llevará una responsabilidad diferente ante la ley y ante la empresa. Mencionarlos como piloto y copiloto, o como capitán o comandante y primer oficial, hace referencia a la responsabilidad de cada uno en su cargo, sin olvidar que ambos son pilotos habilitados para volar la aeronave, e incluso, en algunos casos cuentan con las mismas habilitaciones aeronáutica.

Por otro lado, se menciona el grupo referente netamente a lo operativo. Independientemente del cargo legal que puedan ocupar, se diferencian por el rol que están desempeñando en un vuelo o parte de éste. Estas figuras pueden ser atribuidas tanto al piloto o capitán como al copiloto o primero oficial. Por ejemplo, en un vuelo de dos tramos como desde un origen hasta un destino y regreso al origen, se pueden dividir los roles para cada tramo, en el trayecto de ida, un piloto puede ejercer las funciones de

PF y el otro ejercer el rol de PM, mientras que en el trayecto de regreso pueden invertir los roles y quién a la ida era PF pase a ser PM y viceversa.

¿ Cual crees que sea la diferencia operativa en estos dos roles?

Antes de responder a esta pregunta, debemos aclarar que los conceptos de Pilot Flying y Pilot Not Flying ya no son utilizados debido a que hacían referencia a la falta de tareas del PNF, cuestión que fue derogada por OACI a fin de responsabilizar por igual a ambos pilotos reconociendo su labor. Por tal, en el segundo grupo solo han quedado los términos Pilot Flying y Pilot Monitoring.

Volviendo a la pregunta anterior, la diferencia entre estas dos figuras esta en la distribución de roles y tareas. Veamos un ejemplo de lo que podría ser una distribución de tareas entre un PF y un PM:

ROLES primer vuelo

ROLES segundo vuelo

Es importante recodar que la distribución de tareas puede variar en función a la política de línea de cada compañía, o bien en función a lo que se pacte entre pilotos previo al vuelo.

Los roles de PF y PM deberían mantenerse, tanto en situaciones normales de vuelo como ante situaciones anormales o emergencias. En este último punto, en caso de que el PF sea el piloto de menor experiencia, éste podría ceder su rol de PF al otro piloto, intercambiando roles a fin de velar por la seguridad del vuelo basados en las pericias del piloto con mayor experiencia. Como resultante de este último punto, podemos asumir que las figuras o roles de PF y PM son roles variables y flexibles dentro de la cabina de mando.

Usualmente las líneas aéreas definen estos roles y sus tareas para cada etapa del vuelo, donde en algunas en particular, siempre se respetan las figuras de Capitán y Primer Oficial consideradas como figuras fijas y no variables, y luego pasan a PF y PM como figuras variables.

A continuación se muestra un ejemplo de la lista de chequeo de un Airbus A320 de una línea aérea internacional donde se diferencian estas dos figuras en dos etapas del vuelo. Veamos:

TAXI

CP		FO	
NOSE LIGHT	TAXI	TAXI CLEARANCE	OBTAIN
•Taxi clearance obtained:			
PARKING BRAKE	OFF	ELAPSED TIME	AS RQRD
THRUST LEVERS	AS RQRD		
BRAKES	CHECK	BRAKES PRESS	CHECK 0
FLT CTL	CHECK	FLT CTL	CHECK
• ATC clearance obtained:			
		ATC CLEARANCE	CONFIRM
		TO DATA	CHECK
		FMGS F-PLN/SPD	CHECK
		FCU ALT/HDG	SET
		BOTH FD	CHECK ON
FLT INST&FMA	CHECK	FLT INST&FMA	CHECK
		RADAR and PREDICTIVE WINDSHEAR SYSTEM	AS RQRD
		ATC CODE	CONFIRM/SET
TERR ON ND	AS RQRD	TERR ON ND	AS RQRD

AFTER TAKEOFF

PF	PM	
	APU BLEED/MASTER switch	AS RQRD
	ENGINE MODE selector	AS RQRD
	TCAS	TA/RA
	ANTI ICE	AS RQRD
AFTER TO C/L DOWN TO THE LINE		

En este ejemplo se ve como la lista de chequeo que propone la compañía aérea diferencia los roles en función a la etapa del vuelo. Durante la etapa de TAXI o rodaje, la compañía establece las funciones obligatorias y fijas del Capitán y del Primer Oficial. Estas tareas no pueden ser cambiadas por los pilotos.

Por otra parte, en la epata posterior al despegue o AFTER TAKEOFF, la compañía establece que las tareas se lleven adelante en función al rol que ocupe cada piloto en esa etapa de vuelo, pudiendo variar los roles según se establezca.

Tal como mencionamos anteriormente, ante una situación anormal los roles están establecidos por la función que cada piloto esta cumpliendo en ese momento. Si bien estos roles pueden ser variables, las compañías aéreas suelen establecer las tareas de cada rol ante una situación de emergencia. En la siguiente imagen se detallan las tareas para ambos pilotos en sus respectivos roles ante una situación de *"Descenso de Emergencia"* para una aeronave Airbus A320.

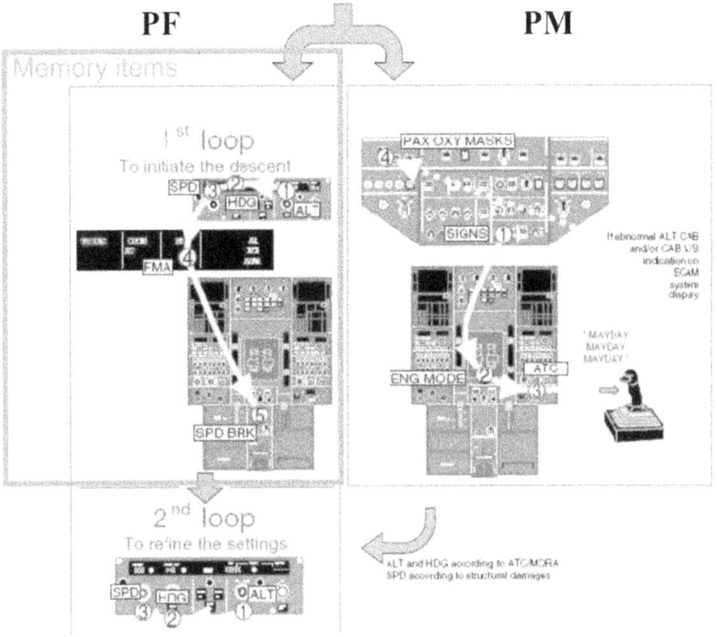

En este caso en particular, el tiempo de gestión de la emergencia no permitiría el intercambio de roles, ya que se trata de una emergencia de acción inmediata, y por tal, se describen los ítems de memoria o "Memory Items".

Transferencia de Mando

La transferencia de mando o pase del control, es un tema poco tratado en las academias de vuelo, o quizás, tratado de manera informal sin enfatizar en su verdadera importancia. Cuando hablamos de transferencia de mandos, hacemos referencia a ceder el control de la aeronave al otro piloto a cargo. Similar al cambio de roles visto en temas anteriores entre el PF y el PM.

La transferencia de mando tiene un propósito determinado y puede responder a cualquier necesidad del PF en cualquier momento del vuelo, ya sea leer una lista de chequeo, acomodar su asiento, preparar la cabina para un procedimiento, realizar un briefing y todo lo que lo lleve a quitar la atención de sus tareas de vuelo y descuidar el control permanente sobre el panel principal de instrumentos.

Si bien no existe una manera establecida para la transferencia de mando, es importante saber el concepto de esta transferencia. La esencia de esta acción es dotar al PM de todos los conocimientos y detalles técnicos que hasta el momento eran gestionados por el PF, como ser la velocidad, la altitud, la actitud del avión, los parámetros de navegación, y cualquier otra información que el PF crea relevante al momento de ceder el control del avión.

El proceso inicia cuando el PF anuncia al PM sus intenciones de transferencia de mando para que el PM pueda determinar si esta en condiciones de recibir el control del avión y aceptar tal responsabilidad. En caso de que el PM aún no este listo, podrá rechazar la solicitud por unos instantes hasta estar preparado para cambiar a su nuevo rol de PF y comandar el avión. En esta acción inicial de advertencia sobre la intención de la transferencia de mando, el PF debería aclarar la razón por la cual necesita ceder el control de la aeronave, a fin de que el PM pueda considerar el tiempo parcial durante el cual, tendrá el control del avión.

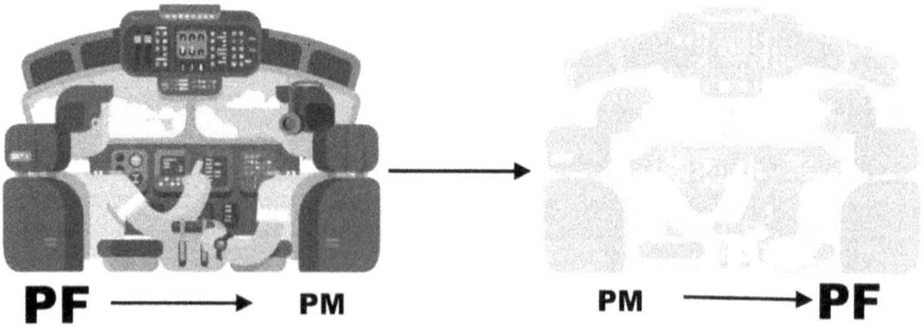

Cuando el PM, ahora convertido en PF recibe el control del vuelo, debe confirmar los datos que su compañero le informó previo a la transferencia, a fin de que el ahora PM confirme que el nuevo PF ha entendido bien la situación que le ha sido transferida.

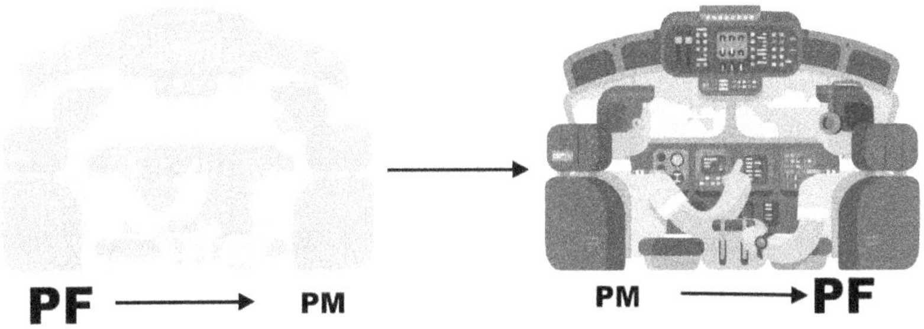

Una vez que el anterior PF, y actual PM, desea recuperar el mando del avión, debe solicitarle la transferencia al PF actual y éste iniciará el mismo proceso anterior para devolverle el control del vuelo a su compañero. Veamos un ejemplo:

Durante un vuelo en el tramo de crucero, el PF es el capitán de la aeronave, quien esta sentado en el asiento izquierdo. A fin de planificar la aproximación y realizar el briefing correspondiente, necesita liberarse de la atención que presta a los instrumentos para poder analizar el procedimiento a seguir. Para esto, le solicita al PM ubicado en el asiento derecho del avión que tome el mando aclarando sus intenciones.

Cuando el actual PM acepta recibir la transferencia de mando por parte del actual PF, éste ultimo le transmite al PM la información actual del vuelo y le anuncia que ahora el control es suyo, convirtiéndose en el nuevo PF.

Transfiero el mando a:
Velocidad 180 kt
Nivel de vuelo 270
a 25 NM del descenso
Parametros normales

→

Velocidad 180 kt
Nivel de vuelo 270
a 25 NM del descenso
Parametros normales
Tengo el control del vuelo

Al aceptar el control del vuelo, el piloto del asiento derecho se convierte en el nuevo PF y estará facultado para llevar adelante todas las acciones necesarias para realizar un vuelo exitoso y seguro. Por otra parte, el piloto del asiento izquierdo se ha convertido, temporalmente en PM, hasta tanto termine con sus tareas y decida volver a tomar el control de vuelo solicitándoselo al actual PF.

PM —— PF

Vale destacar que esta secuencia de transferencia de mando, puede repetirse tantas veces como lo demande el vuelo.

Por otra parte, la transferencia de mando en situaciones anormales de vuelo suele llevarse a cabo de la misma manera pero con una mayor carga de trabajo por parte de cada piloto. Mientras uno de ellos lleva adelante todas las tareas del vuelo (las del PF y las del PM), el otro piloto lleva a cabo el procedimiento de emergencia descriptos en los manuales de la aeronave o en su lista de chequeo.

Briefings

Los procedimientos de Briefing son una parte fundamental del trabajo en cabina compartida. En estos se prevén los pasos a seguir a lo largo de una parte del vuelo. Si bien cuando un piloto vuela solo, también suelen estar presentes, los briefings toman mayor protagonismo al momento de volar una cabina compartida, debido a que la carga de trabajo es mayor y un adecuado briefing ayudaría a distribuir correctamente las tareas.

Existen diversos tipos de briefings, entre los mas conocidos podemos encontrar:

- Briefing de despegue.
- Briefing de crucero.
- Briefing de aproximación.
- Briefing de cartografía.
- Briefings de situaciones particulares.

Briefing de despegue: debido a que el avión aun se encuentra en tierra, este briefing puede llevarse a cabo con mayor detenimiento y detalles que los briefings realizados durante el vuelo. Un correcto briefing de despegue abarca toda la información necesaria para comprender las acciones a tomar ante un despegue normal y anormal, mencionando los roles de cada piloto ante estas situaciones. Normalmente el briefing de despegue lo realiza el PF, mientras que el PM confirma la información recibida y verifica que sea correcta. Ante alguna discrepancia de lo establecido, el PM debería pausar el briefing del PF para hacer notar la salvedad y corregir los ítems que sean necesarios. En este punto es importante pausar el briefing ni bien se detecta la discrepancia, ya que, en caso de permitir continuar el relato, existe la posibilidad de olvidar la corrección y omitir la modificación de algún procedimiento.

Al finalizar el briefing, el PF deberá permitir al PM exponer todas sus dudas y plantear sus inquietudes a fin de maximizar la seguridad del vuelo cooperando al entendimiento de cada detalle de lo expuesto por ambos pilotos. Aquí se debe recordar que una cabina compartida esta compuesta por dos pilotos, independientemente de los roles de cada uno, y el objetivo de un briefing compartido es que ambos pilotos estén de acuerdo con las acciones que realizarán. En caso contrario, se debe discutir la mejor opción para llevar adelante las acciones que garanticen la seguridad del vuelo.

Briefing de Crucero: a diferencia del anterior, en este tipo de briefing se requiere una transferencia de mando por parte del PF, quien será el encargado del briefing. Cabe mencionar que, normalmente, los briefing son llevados a cabo por el PF y no por el PM, por lo que es necesaria esta transferencia de mando o no podría cederse la realización del briefing al PM.

Luego de la transferencia de mando, se da inicio al briefing mencionando todos los detalles del vuelo normal, como ser: comprobación de sistemas, autonomía, posibles alternativas en ruta, altitudes mínimas dentro y fuera de la ruta y roles a cumplir en caso de situaciones anormales. Al finalizar el briefing de crucero, se requiere una nueva transferencia de mando para que las figuras del PF y del PM vuelvan a su rol original.

Briefing de aproximación: al igual que en el briefing anterior, en este procedimiento se requiere una transferencia de mando por parte del PF a fin de poder dedicar toda su atención a la realización de un correcto briefing de aproximación. En este tipo de briefing se detallan los pasos a seguir durante la aproximación y aterrizaje. Normalmente incluye información sobre la cartografía a utilizar, información meteorológica del destino y de la alternativa, información sobre la pista y restricciones del aeródromo, y toda la información relativa a la distribución de roles ante una situación normal y anormal. Los briefing de aproximación son llevados a cabo por quien será el PF durante la aproximación, mientras que quien será el PM debe confirmar la información recibida al mismo tiempo que verifica la cartografía que el PF desea utilizar. Ante cualquier discrepancia, el briefing deberá ser pausado de inmediato para salvar el error y poder continuar de forma correcta o sin dudas al respecto. Al finalizar el briefing, se llevará a cabo la transferencia de mando para que ambos pilotos vuelvan a sus roles originales de PF y PM.

Briefing de cartografía: esta clase de briefing pueden llevarse a cabo, tanto en tierra como en vuelo. La cartografía correspondiente a los procedimientos de salida o "SID", suelen llevarse a cabo por el PF con el avión detenido y previo al briefing de despegue. Aquí no existe una transferencia de mando, pero al igual que en los demás briefings, en caso de una discrepancia entre la carta que lee el PF y la que verifica el PM, éste último podrá pausar el briefing para aclarar la salvedad y continuar sin errores. Cabe mencionar que los briefing no deberán ser interrumpidos por ninguna otra razón que no sea la de corregir cualquier discrepancia por parte de uno de los dos pilotos. Toda otra causa de interrupción deberá ser omitida hasta tanto se termine el briefing, a menos que exista algo que pueda afectar a la seguridad del momento.

Otros Briefings: existen diversa cantidad de briefing ante un sinfín de situaciones normales y anormales. Por ejemplo, es habitual que el PF les ofrezca un briefing del vuelo a la tripulación de cabina, previo a dirigirse al avión. En este briefing se detalla el tiempo de vuelo, cantidad de pasajeros, carga, meteorología y cualquier información que se crea relevante para la tripulación.

Callouts y Fraseología Estándar

El dominio de las técnicas de Callouts es un tema muy poco tratado en la instrucción previa a llegar a una línea aérea. Se trata de una serie de frases estandarizadas que responden a una situación determinada y son el disparador de una respuesta preestablecidas. Existen diversos tipos de Callouts y son definidos por el fabricante de la aeronave en sus manuales operativos con el nombre de ***"Standard Callouts"***. A su vez, la compañía puede modificar y/o agregar Callouts adicionales a los que propone el fabricante para determinados procedimientos.

El principal objetivo de los Callouts es minimizar las comunicaciones innecesarias durante determinadas fases de vuelo y advertir de una situación específica, como ser: el desvió de algún parámetro de vuelo, cruzar un nivel de vuelo, interceptar el localizador y varios mas. Esto ayuda a evitar confusiones por fraseología no estándar que podría no ser entendida entre los pilotos y causar un error en el desarrollo de los procedimientos.

Los callouts son de carácter informativo e intentan advertir de una determinada situación, donde uno de los pilotos alerta al otro sobre una situación con una fraseología estándar, y el otro piloto confirma la información con una respuesta preestablecida luego de verificar la misma. En algunas aeronaves de características avanzadas existe un sistema de ***"Auto Callouts"*** donde la aeronave emite una alerta de voz indicando la situación por la que atraviesa y advierte a los pilotos quienes deberán dar una respuesta simultánea.

El siguiente cuadro muestra un ejemplo de los Callouts recomendados por Boeing en su manual operativo de 737NG. Se detallan cuatro situaciones en dos fases de vuelos diferentes con sus respectivos callouts.

BOEING — General Information

737 NG Flight Crew Training Manual

Recommended Callouts

	CONDITION / LOCATION	**CALLOUT (Pilot Monitoring, unless noted)**
Climb And Descent	Approaching Transition Altitude	"TRANSITION ALTITUDE, SET STANDARD"
	Approaching Transition Level	"TRANSITION LEVEL, ALTIMETERS SET ______" (in. or mb)
	1,000 ft. above/below assigned altitude/Flight Level (IFR)	"1,000 FEET TO LEVEL OFF"
Descent	10,000 ft. MSL / FL100 (Reduce airspeed if required) (IFR and VFR)	"10,000 FEET" or "FLIGHT LEVEL 100"

El siguiente recuadro ofrece otro ejemplo pero de el manual operativo de Airbus para su flota de A320. Aquí se detallan diferentes desvíos de parámetros durante diferentes tipos de aproximación, cada situación con su correspondiente Callout.

A318/A319/A320/A321
FLIGHT CREW TRAINING MANUAL

Exceedance and associated PNF callout				
Parameter		Exceedance		Callout
IAS		Speed target +10 kt / -5 kt		"SPEED"
V/S		< -1 000 ft/min		"SINK RATE"
Pitch attitude		+10 ° / -2.5 °[1]		"PITCH"
Bank angle		7 °		"BANK"
ILS only	Localizer	Excess Deviation	1/2 dot PFD	"LOC"
	Glide slope		1/2 dot PFD	"GLIDE"
NPA		XTK greater than 0.1 nm		"CROSS TRACK"
		V/DEV greater than 1/2 dot		"V/DEV"
		Course greater than 2.5 °(VOR)		"COURSE"
		Course greater than 5 ° (ADF)		"COURSE"
		Altitude Distance check		"__FT HIGH (LOW)"

Habitualmente el PM es el encargado de mencionar cada uno de estos callouts para cada situación que se presente, mientras que el PF deberá advertir la indicación del PM y actuar en consecuencia a ello. Existe un caso extraordinario donde el PF podría anunciar un determinado callout al evidenciar una situación que ha sido omitida por el PM, pero este cambio de roles temporal no implica que el PF pase a ser PM y viceversa, solo ha cumplimentado el paso que su compañero ha omitido.

Adicionalmente a la función informativa que tienen los callouts, existe otra función implícita de suma importancia y es la detección de algún tipo de incapacidad por parte de los pilotos. Esta situación se presenta durante las aproximaciones ILS categorías II y III, donde los procedimientos describen que se puede evidenciar a un piloto incapacitado por la falta de respuesta de más de un callout consecutivo.

Un ejemplo de esto se da en las aproximaciones ILS categoría III de un A320 donde sus manuales describen que en la etapa final de la misma, un callout no respondido es una advertencia y dos callouts no respondidos de forma consecutiva es motivo de ***"GO AROUND"*** inmediato.

Fraseología Estándar

Al igual que los callouts, la fraseología estándar está definida por el fabricante de la aeronave y puede ser modificada por la compañía aérea en su política de línea en función a sus propias necesidades de la flota que opere. La principal diferencia con los callouts se basa en que la fraseología estándar es un requerimiento por parte del PF para una determinada acción del PM, caso contrario a los callouts donde el PM advierte y el PF confirma.

La fraseología estándar es utilizada para solicitar cualquier tipo de configuración que el PF desee realizar sobre el aeronave o el vuelo en general, desde un cambio de rumbo, cambio de velocidad, cambio en la configuración altimétrica, hasta la configuración específica de un determinado sistema de vuelo o del avión. Para tal fin, el PF solicita la acción con la fraseología estándar y el PM lleva a cabo el procedimiento respondiendo a la acción con una respuesta estandarizada. En algunos casos en particular esta respuesta estandarizada es omitida y el PM sólo se limita a realizar la acción solicitada. A continuación se muestra un ejemplo de fraseología estándar de Boeing para su flota de 737NG:

General Information — BOEING

737 NG Flight Crew Training Manual

Standard Phraseology

A partial list of standard words and phrases follows:

Thrust:

- "SET TAKEOFF THRUST"
- "SET GO-AROUND THRUST"
- "SET MAXIMUM CONTINUOUS THRUST"
- "SET CLIMB THRUST"
- "SET CRUISE THRUST"

Flap Settings:

- "FLAPS UP"
- "FLAPS ONE"
- "FLAPS FIVE"
- "FLAPS TEN"
- "FLAPS FIFTEEN"
- "FLAPS TWENTY-FIVE"
- "FLAPS THIRTY"
- "FLAPS FORTY"

Airspeed:

- "SET ____ KNOTS"
- "SET VREF PLUS (additive)"
- "SET FLAPS ____ SPEED"

Aproximación Estabilizada y Desestabilizada

Éstos dos nuevos términos hacen referencia a dos tipos de configuración de la aeronave para una misma aproximación instrumental o visual. Los conceptos de aproximación estabilizada y desestabilizada intentan maximizar los recursos para la seguridad del vuelo durante la aproximación final hacia la pista.

Se considera que una aproximación es estabilizada cuando la aeronave se encuentra en configuración de aterrizaje a una determinada altitud y distancia de la pista, valores que son definidos por la compañía aérea en función a sus propios modelos de seguridad operacional. Por ejemplo, un valor estándar sería que la aeronave se encuentre en configuración aterrizaje sin ninguna otra necesidad de acción por parte de los pilotos salvo volar el avión al cruzar los 1000 pies en descenso. Si por alguna razón al cruzar este valor de 1000 pies definido por la compañía, alguno de los parámetros de vuelo presenta un desvío del margen permitido, o bien si alguno de los sistemas del avión aún no ha sido configurados en su totalidad, se considera que la aproximación está desestabilizada y podría afectar a la seguridad del vuelo. Ante esta situación, la tripulación debería decidir realizar una aproximación frustrada para volver a intentarlo.

Para entender mejor este concepto, desarrollemos un ejemplo práctico de estas dos situaciones:

Aproximación Estabilizada: la aeronave se encuentra en descenso cruzando los 2000 pies. Los pilotos inician la configuración de aterrizaje de su aeronave, extienden el tren aterrizaje, reducen la velocidad, extienden el sistema de flaps, y continúan con referencias del ILS (LOC y GS). Antes de llegar a los 1000 pies, ya han finalizado las tareas y han completado todas las listas de chequeo, restando sólo continuar el vuelo y aterrizar aeronave. Al cruzar el valor de referencia de 1000 pies, verifican que la aproximación se encuentra estabilizada y deciden continuar con el aterrizaje.

Aproximación desestabilizada: la aeronave se encuentra en descenso cruzando los 2000 pies. Los pilotos inician la configuración de aterrizaje de su aeronave, extienden en el tren aterrizaje pero no logran reducir la velocidad lo suficiente como para extender el sistema de flaps. El descenso continúa cruzando los 1500 pies, la velocidad se reduce muy lentamente permitiendo configurar el sistema de flaps en su primera posición, aunque esta no es suficiente para aterrizar. Continúan el descenso y llegan hasta los 1000 pies de referencia con la velocidad apenas por encima de la permitida para terminar de configurar el sistema de flaps. Esta situación requiere que la tripulación continúe la configuración de la aeronave por debajo de los 1000 pies, por lo que se considera que la aproximación se encuentra desestabilizada y los pilotos deciden realizar una aproximación frustrada para volver a intentarlo.

Dependiendo de la política de línea de cada compañía, existe un callout que advierte de estas situaciones al llegar a la altitud de referencia indicando a los pilotos si deben continuar o abortar el aterrizaje.

Aviation Bookstore
aviation step by step

www.ingramcontent.com/pod-product-compliance
Lightning Source LLC
LaVergne TN
LVHW051929051126
851857LV00020B/2061
* 9 7 9 8 2 5 6 2 7 5 1 1 2 *